Micha Rosenkranz

Public Private Partnership in der Informationstechnologie

IGEL Verlag

Rosenkranz, Micha

Public Private Partnership in der Informationstechnologie

1. Auflage 2009 | ISBN: 978-3-86815-239-5

Die Deutsche Bibliothek verzeichnet diesen Titel in der Deutschen Nationalbibliografie.
Bibliografische Daten sind unter http://dnb.ddb.de verfügbar.

IGEL Verlag

Inhaltsverzeichnis

Abbildungsverzeichnis

Abkürzungsverzeichnis

§	Paragraph
%	Prozent
ABMG	Autobahnmautgesetz für schwere Nutzfahrzeuge
AG	Aktiengesellschaft
BGB	Bürgerliches Gesetzbuch
BITKOM	Bundesverband Informationswirtschaft, Telekommunikation und neue Medien e. V.
BMVBS	Bundesministerium für Verkehr, Bau und Stadtentwicklung
BPPP	Bundesverband Public Private Partnership e. V.
BSI	Bundesamt für Sicherheit in der Informationstechnik
bzgl.	bezüglich
Co.	Compagnie
DAL	Deutsche – Anlangen - Leasing GmbH
DIFU	Deutsches Institut für Urbanistik
DSGV	Deutscher Sparkassen und Giroverband
e. V.	eingetragener Verein
EDV	Elektronische Datenverarbeitung
engl.	englisch
et al.	et alli (und andere)
EVA	Eingabe – Verarbeitung – Ausgabe
evtl.	eventuell
f.	folgende
FStrPrivFinG	Fernstraßenbauprivatfinanzierungsgesetzes
GbR	Gesellschaft des bürgerlichen Rechts
ggf.	gegebenenfalls
GmbH	Gesellschaft mit beschränkter Haftung
Hrsg.	Herausgeber
i. d. R.	in der Regel
IT	Informationstechnologie

KoopA-ADV	Kooperationsausschuss Automatisierte Datenverarbeitung
LAN	Local Area Network
LKW	Lastkraftwagen
Mrd.	Milliarden
NRW	Nordrhein Westfalen
oHG	offene Handelsgesellschaft
ÖPP	Öffentliche Private Partnerschaft
PC	Personalcomputer
PDA	Personal Digital Assistent (Tragbarer Computer ohne Tastatur)
PPP	Public Private Parntership
s. g.	so genannte(n)
SLA	Service Level Agreement
SVN	Sächsisches Verwaltungsnetz
u. a.	unter anderem
USA	United States of America
vgl.	Vergleiche
VPN	Virtual Private Network
z. B.	zum Beispiel
z. T.	zum Teil

1 Einleitung

Bereits seit vielen Jahren hat die öffentliche Hand große Probleme, notwendige Investitionen durchzuführen. Dies liegt vor allem an der problematischen Haushaltslage vieler Kommunen, der Länder und auch des Bundes.

Alleine der kommunale Investitionsbedarf beträgt nach einer Schätzung des *Deutschen Instituts für Urbanistik* (DIFU) für die Jahre 2006 bis 2020 über 704 Mrd. Euro.[1] Zudem ist der hohe Schuldenstand des Bundes von über 1.517 Mrd. Euro[2] ein weiteres Hindernis für wichtige Investitionen in unsere Infrastruktur.

Hinzu kommt der Druck auf die Verantwortlichen, effizientere und effektivere Dienstleistungen gegenüber dem Bürger anzubieten. Zur Vorbeugung von Wettbewerbsnachteilen gegenüber Unternehmen im Ausland erwarten auch die in Deutschland ansässigen Unternehmen von der öffentlichen Hand schnelle und optimale Dienstleistungen. Aus diesem Druck heraus wurden verschiedene Instrumente und Wege aus dem Investitionsstau gesucht und teilweise auch gefunden. Ein Weg dabei ist die Privatisierung von öffentlichen Leistungen und somit die Kooperation der öffentlichen Hand mit marktwirtschaftlich orientierten Unternehmen.

Im Rahmen der Privatisierung von öffentlichen Leistungen können zwei Typen unterschieden werden. Bei der Organisationsprivatisierung bzw. formalen Privatisierung werden öffentliche Aufgaben in eine private Rechtsform überführt. Dies erfolgt durch die Errichtung einer juristischen Person (GmbH oder AG) durch die öffentliche Hand. Als Beispiele sind hier die *Deutsche Flugsicherung GmbH* oder die *Deutsche Bahn AG* zu nennen. Der zweite Typ ist die funktionale Privatisierung. Hier bleibt die grundsätzliche Verantwortung für die Aufgabe der öffentlichen Hand überlassen. Der Einfluss auf die Leistungserbringung ist abhängig von der Ausgestaltung der Übertragung an den privaten Partner. Wenn die Leistungen durch den privaten Partner stärker abgesichert werden sollen, werden Kooperationslösungen wie das **Public Private Partnership** (PPP) gewählt.[3]

---

1 Vgl. Deutsches Institut für Urbanistik (Hrsg.), Der kommunale Investitionsbedarf 2006 bis 2010 Endbericht - Kurzfassung, 2008, Seite 12.

2 Vgl. Bund der Steuerzahler (Hrsg.), *http://www.steuerzahler.de/webcom/show_softlink.php/_c-33/i.html*, 04.01.2008

3 Vgl. Schmidt, J., Wirtschaftlichkeit in der öffentlichen Verwaltung, 2006, Seite 40.

In den letzten Jahren hat sich das PPP in Deutschland sehr stark entwickelt. Hauptbereiche sind hier aktuell der öffentliche Hochbau und die Straßenverkehrsinfrastruktur. Aber auch in weiteren Branchen und Bereichen hat das PPP stark zugenommen.

Der Bereich Informationstechnologie liegt hier derzeit stark im Fokus der Betrachtung. Durch die Komplexität des Themas sind hier noch nicht sehr viele Erfahrungen gesammelt worden. Kritiker sehen in der Anwendung des PPP im Bereich der Informationstechnologie sogar große Hindernisse.

Im Rahmen dieser Studie sollen die Möglichkeiten der Anwendung des PPP erläutert werden. Dies erfolgt durch die Beschreibung des Instruments sowie einer Dokumentation der möglichen Modelle. Zudem sollen die Vorteile der Einbindung eines privaten Partners in die Leistungserbringung der öffentlichen Hand in Bezug auf die Informationstechnologie beschrieben werden.

Für eine effiziente und effektive Anwendung des PPP in der Informationstechnologie sind Grundbedingungen zu schaffen und Werkzeuge anzuwenden. Die Beschreibung von durchgeführten Projekten aus der Praxis sollen die Chancen des PPP für Anwendung in der Informationstechnologie darlegen.

Die Zielsetzung des Autors hierbei war es, eine Grundlage für weitere Analysen und Entwicklungen des PPP in Bezug auf die Informationstechnologie zu schaffen und die benötigten Anforderungen an eine erfolgreiche Anwendung zu definieren.

2 Public Private Partnership

2.1 Begriffsdefinition des PPP

In der Literatur gibt es keine eindeutige Definition des Begriffs „**Public Private Partnership**" (PPP). Teilweise wird PPP ausschließlich als Finanzierungsinstrument für die öffentliche Hand gesehen, welche ohne die Unterstützung privater Geldgeber die vielen öffentlichen Aufgaben, wie z. B. die Sanierung von Gebäuden, nicht mehr wahrnehmen könnte.

Die finanzielle Not der öffentlichen Haushalte ist eine von vielen Ursachen für die Entwicklung des PPP. Die reine Finanzierungsleistung des privaten Sektors ist sicherlich ein wichtiger Bestandteil. Dennoch umfasst PPP wesentlich mehr. Es handelt sich hier um ein ganzheitliches Konzept zur Erfüllung öffentlicher Aufgaben.[4]

Die vereinbarte Partnerschaft zwischen der öffentlichen Hand und dem privaten Sektor ist eine der wichtigsten Grundlagen des PPP. Primär zählen zum Privatsektor marktwirtschaftlich orientierte Unternehmen. Im Rahmen des PPP können aber auch gemeinnützige Organisationen wie Vereine oder Stiftungen als Partner der öffentlichen Hand aktiv werden.

Eine Partnerschaft im PPP ist vertraglich geregelt und langfristig orientiert.[5] Grundlage eines PPP-Projektes ist der Lebenszyklusansatz. Dieser umfasst die gesamte Nutzungsdauer eines Objektes. Damit zählen alle Projektphasen von der Planung über die Finanzierung und Erstellung bis hin zum Betrieb und ggf. auch Entsorgung zum PPP.[6]

Vom öffentlichen Auftraggeber werden die benötigten Ressourcen (Kapital, *Know-How*, Betriebsmittel, Personal) bereitgestellt. Dies erfolgt unter Beteiligung der privaten Partner, um so die Aufgaben und Ressourcen optimal aufeinander abzustimmen. Die Projektrisiken werden im PPP von beiden Partnern getragen. Ausgangslage für die Risikoübernahme ist die jeweilige Risikomanagementkompetenz. Dadurch kann ein effektives und effizientes Ergebnis bzgl. der Risikoverteilung erzielt werden.[7]

---

4 Vgl. Meyer-Hofmann, B./Riemenschneider, F./Weihrauch, O. et al., Public Private Partnership – Gestaltung von Leistungsbeschreibungen, Finanzierung, Ausschreibung und Verträgen in der Praxis, 2008, Seite 4.

5 Vgl. Weber, M./Schäfer, M./Hausmann, L., et al., Praxishandbuch Public Private Partnership, 2006, Seite 3.

6 Vgl. ebenda, Seite 4.

7 Vgl. Weber, M./Schäfer, M./Hausmann, L., et al., Praxishandbuch Public Private Partnership, 2006, Seite 3.

In Deutschland wird immer stärker auch die deutsche Übersetzung „Öffentliche Private Partnerschaft" (ÖPP) anstelle des englischen Begriffs verwendet. Die Abgrenzung zu ähnlichen Finanzierungs- bzw. Kooperationsinstrumenten ist in Deutschland jedoch wesentlich stärker ausgeprägt. In den USA wird z. B. der Bereich des Sponsorings ebenfalls zum PPP gerechnet, was im deutschen Sprachgebrauch nicht erfolgt.[8]

Die PPP-Initiative des Bundeslandes Nordrhein-Westfalen liefert eine Aufstellung zur Definition von PPP. Dabei soll die Infrastrukturmaßnahme folgende Kriterien erfüllen:[9]

- Die Umsetzung erfolgt gemeinschaftlich.
- Die strategischen Ziele sollen gebündelt werden.
- Die gesamten Risiken sollen zwischen den Partnern aufgeteilt werden.
- Die Beinhaltung von privatem Investment.
- Die Orientierung erfolgt langfristig und ist vertraglich geregelt.

Damit ist PPP eine langfristige, vertraglich geregelte Partnerschaft zwischen der öffentlichen Hand und der Privatwirtschaft zur effizienten und effektiven Erfüllung öffentlicher Aufgaben.[10]

2.2 Zielsetzung des PPP in Deutschland

Oft wird das Thema PPP ausschließlich mit der finanziellen Situation der Bundesrepublik Deutschland in Zusammenhang gebracht. Unter dem Schlagwort „Investieren ohne Geld" wird PPP oft missverstanden. Selbstverständlich spielt die finanzielle Situation der Kommunen, der Länder und des Bundes eine große Rolle. Doch ist PPP viel mehr als nur ein „Sparmodell".

Die öffentliche Hand in der Bundesrepublik Deutschland hat bereits seit vielen Jahren große finanzielle Probleme. Insbesondere in den letzten Jahren wurden die verfassungsrechtlichen Bestimmungen der Bundesrepublik Deutschland und die haushaltsrechtlichen Bestimmungen der Europäischen Union nur schwer eingehalten. Viele notwendige Investitionen

---

8 Vgl. Rosenkranz, M., Beschreibung der Entwicklung des Public Private Partnership am Beispiel des Bundeslandes NRW, Seite 3.

9 Vgl. Pauli, L., et al., Das neue Miteinander – Public Private Partnership in Deutschland, 2006, Seite 23.

10 Vgl. Weber, M./Schäfer, M./Hausmann, L., et al., Praxishandbuch Public Private Partnership, 2006, Seite 3.

wurden durch die öffentliche Hand zurückgestellt. Vor allem die Kommunen stehen hier vor einer großen Herausforderung.

Eine Studie des *Deutschen Instituts für Urbanistik* (DIFU) schätzt den kommunalen Investitionsbedarf in den Jahren 2006 bis 2020 in zehn betrachteten Bereichen auf über 704 Mrd. Euro. Schwerpunkte bilden dabei die Bereiche „Straßenverkehrsinfrastruktur" mit 162 Mrd. Euro, den Bereich „Schulen" mit 73 Mrd. Euro und den Bereich „kommunale Abwasseranlagen" mit 58 Mrd. Euro.[11]

Dieser Investitionsstau hat jedoch nicht nur Auswirkungen auf die Qualität der Leistungen der öffentlichen Hand. Die mangelnde Effektivität und Effizienz verursacht zudem unnötige zusätzliche Kosten und belastet dadurch die Haushalte im erheblichen Umfang. Zum Beispiel verursachen unzureichende und veraltete Heizungsanlagen hohe Kosten im Energieverbrauch. Verwaltungsakte der öffentlichen Hand benötigen teilweise viel Zeit und verursachen so zusätzliche Kosten auch beim Verbraucher.

Somit wird klar, dass neben den finanziellen Aspekten auch leistungsbezogene Aspekte eine wichtige Rolle beim PPP in Deutschland spielen. Die öffentliche Hand orientiert sich bei den finanziellen und den leistungsbezogenen Aspekten jedoch immer langfristig.

Insbesondere folgende Erwartungen stellt die öffentliche Hand an das PPP:[12]

- schnellere Projektrealisierung
- effizientere Aufgabenerledigung und damit langfristige Einsparungen im Haushalt und/oder Verbesserungen der Qualität
- größere finanzielle Planungssicherheit durch Einbindung der privaten Partner
- Übertragung von Risiken an die privaten Partner
- langfristige Verantwortlichkeit der privaten Partner und Optimierung der betrieblichen Kosten
- Verschlankung von Verwaltungsstrukturen

---

11 Vgl. Deutsches Institut für Urbanistik (Hrsg.), Der kommunale Investitionsbedarf 2006 bis 2010 Endbericht - Kurzfassung, 2008 Seite 13.

12 Vgl. Meyer-Hofmann, B./Riemenschneider, F./Weihrauch, O., et al., Public Private Partnership – Gestaltung von Leistungsbeschreibungen, Finanzierung, Ausschreibung und Verträgen in der Praxis, 2008, Seite 3.

- Einführung von privatwirtschaftlichen Steuerungs-, Überwachungs- und Managementmethoden

Somit ist PPP für die öffentliche Hand die effektive und effiziente Leistungserbringung gegenüber ihren Kunden (Bürger, Unternehmen etc.). Eine Zielsetzung ist dabei die langfristige Zusammenarbeit mit Partnern aus der Privatwirtschaft. Durch diese Zusammenarbeit soll neben einer Senkung der betrieblichen laufenden Kosten auch der Investitionsstau der öffentlichen Hand beseitigt werden.

Dies ermöglicht der öffentlichen Hand jedoch nicht „Sparen ohne Geld". Neben der Refinanzierung der Investitionen, dem Schuldendienst und der Begleichung laufender Kosten kommt auch noch eine „angemessene" Kapitalverzinsung für den privaten Partner hinzu. Dies erfordert eine gute Planung und Umsetzung zur Erwirtschaftung kostendeckender Erlöse.[13]

2.3 Allgemeine Entwicklung des PPP in Deutschland

Im Vergleich zu anderen europäischen Ländern ist die Entwicklung des PPP in Deutschland noch relativ neu. Dennoch gab es in den letzten 10 Jahren besonders in den Bereichen Straßenverkehrsinfrastruktur und öffentlicher Hochbau eine umfangreiche Entwicklung.[14]

Die Grundlage für die Entwicklung des PPP in Deutschland hatte die rotgrüne Bundesregierung 1998 durch die Initiative „Moderner Staat-Moderne Verwaltung" gesetzt. Dabei sollten bis zum Jahr 2001 die rechtlichen Rahmenbedingungen für das PPP in Deutschland definiert werden.[15]

Durch die Einführung des Fernstraßenbauprivatfinanzierungsgesetzes (FStrPrivFinG) wurde am 30. August 1994 die rechtliche Grundlage für das PPP im Bereich der Straßenverkehrsinfrastruktur in Deutschland gesetzt. Das Gesetz ermöglicht die Einbindung des privaten Sektors zur Verstärkung von Investitionen in das Bundesfernstraßennetz (§ 1 Abs. 1 FStrPrivFinG).

---

[13] Vgl. BMVBS (Hrsg.), Studie: PPP im öffentlichen Hochbau – Band I: Leitfaden „PPP im Hochbau", 2003, Seite 4.

[14] Vgl. Weber, M./Schäfer, M./Hausmann, L., et al., Praxishandbuch Public Private Partnership, 2006, Seite 6.

[15] Vgl. Bundesregierung (Hrsg.), Moderner Staat – Moderne Verwaltung, 1999, Seite 8.

Die ersten Projekte in Deutschland waren die Warnowquerung in Rostock und die Travequerung der Hansestadt Lübeck[16]. Bei diesen Projekten handelt es sich um so genannte **F-Modelle** des PPP.

Ein weiterer wichtiger Meilenstein für die Entwicklung des PPP im Bereich der Straßenverkehrsinfrastruktur war die Einführung der LKW-Maut. Grundlage dafür war das Autobahnmautgesetz für schwere Nutzfahrzeuge (ABMG), welches am 12. April 2002 in Kraft gesetzt wurde. Dieses Gesetz regelt die Mauterhebung für Kraftfahrzeuge oder Fahrzeugkombinationen, die ausschließlich für den Güterverkehr bestimmt sind und deren zulässiges Gesamtgewicht mindestens 12 Tonnen beträgt (§ 1 Abs. 1 AMBG).

Die Entwicklung des PPP im öffentlichen Hochbau wurde insbesondere von der rot-grünen Bundesregierung von 1998 bis 2005 unter Bundeskanzler Gerhard Schröder gefördert.

Ein Konsortium aus *Pricewaterhouse Coopers Finance Beratung GmbH*, der Wirtschaftskanzlei *Freshfields Bruckhaus Deringer*, dem Beratungsunternehmen für Gebietskörperschaften *VBD - Beratungsgesellschaft für Behörden mbH* unter Mitwirkung der *Bauhaus-Universität Weimar* und des Spezialisten im Bereich *Facility Management Creative Concept GbR* erhielt am 24. Februar 2003 einen Auftrag zur Erstellung eines Gutachtens für PPP im öffentlichen Hochbau.[17]

Das Gutachten wurde im August 2003 fertig gestellt und dient seit dieser Zeit als Grundlage für das PPP im öffentlichen Hochbau. Das Gutachten umfasst die 5 Bände:

- Band I: Leitfaden
- Band II: Rechtliche Rahmenbedingungen
- Band III: Wirtschaftlichkeitsuntersuchung
- Band IV: Sammlung und systematische Auswertung der Informationen zu PPP-Beispielen
- Band V: Strategie/*Task Forces* – Strukturskizze für das föderale Kompetenzzentrum

Zielsetzung des Leitfadens (Band I) ist es, die Anwendung von PPP in der Praxis zu erleichtern. Dies erfolgt durch eine detaillierte Beschreibung des

---

[16] Vgl. Weber, M./Schäfer, M./Hausmann, L., et al., Praxishandbuch Public Private Partnership, 2006, Seite 7.

[17] Vgl. BMWi (Hrsg.), *http://www.bmwi.de/BMWi/Navigation/Wirtschaft/branchen fokus,did=31690.html*, 15. Juni 2008.

regelmäßigen Ablaufs und die Erörterung von Fragen, die in den einzelnen Phasen häufig auftreten. Zielgruppen des Leitfadens sind die Entscheidungsträger aus Politik und Verwaltung, die für Projekte im öffentlichen Hochbau verantwortlich sind.[18]

Bei der Ausarbeitung zum Thema „Rechtliche Rahmenbedingungen" (Band II) ist die Zielsetzung eine Zusammenfassung der vertrags-, kommunal-, haushaltsvergabe-, zuwendungs- und steuerrechtlichen Rahmenbedingungen für PPP-Hochbauprojekte. Die in der Praxis verwendeten Vertragsmodelle und Kooperationsformen legen dabei die Basis für die Untersuchung und bilden die Grundlage der einzelnen Rechtsgebiete.[19]

Die Ausarbeitung zum Thema „Wirtschaftlichkeitsuntersuchung" (Band III) möchte ein geordnetes und nachvollziehbares Verfahren sowie Instrumente zur Vorbereitung, Durchführung und Nachbereitung der Wirtschaftlichkeitsuntersuchung für die Umsetzung von PPP geben. Ziel ist es dabei, durch die Ermittlung der Vorteile und der Wirtschaftlichkeit das PPP als alternative Beschaffungsvariante objektiv und transparent zu dokumentieren.[20]

In der Sammlung von PPP-Beispielen und deren systematische Auswertung der Informationen zu PPP-Beispielen (Band IV) werden Ziele und Ergebnisse beschrieben, welche in der Vergangenheit als „PPP" bezeichnete Projekte umgesetzt wurden. Dabei sind die bisher genutzten Vorteile, erfolgreiche Vorgehensweisen und Probleme bei der Anwendung sowie die Motive und Ziele der öffentlichen Hand beschrieben.[21]

Im letzten Band der Studie Strategie/*Task Forces* – Strukturskizze für das föderale Kompetenzzentrum (Band V) wird durch die Gutachter empfohlen, eine Organisationseinheit zur Förderung von PPP im öffentlichen Hochbau zu errichten. Dieses Kompetenzzentrum soll sich mit der Realisierung öffentlicher Hochbaumaßnahmen befassen und Bund, Ländern

---

18 BMVBS (Hrsg.), Studie: PPP im öffentlichen Hochbau Band I: Leitfaden „PPP im Hochbau", 2003, Seite 1.

19 BMVBS (Hrsg.), Studie: PPP im öffentlichen Hochbau Band II: Rechtliche Rahmenbedingungen, 2003, Seite 1.

20 Vgl. BMVBS (Hrsg.), Studie: PPP im öffentlichen Hochbau Band III: Wirtschaftlichkeitsuntersuchung, 2003, Seite 1.

21 Vgl. BMVBS (Hrsg.), Studie: PPP im öffentlichen Hochbau Band IV: Sammlung und systematische Auswertung der Informationen zu PPP-Beispielen, 2003, Seite 1.

und Kommunen bei PPP Projekten unterstützen.[22] Im Juli 2004 wurde daraufhin die *PPP Task Force* auf Bundesebene im Bundesministerium für Verkehr, Bau und Stadtentwicklung (BMVBS) eingerichtet.

Durch die gesammelten Erfahrungen im Bereich Straßenverkehrinfrastruktur und öffentlicher Hochbau weitet sich das Thema PPP auch auf weitere Branchen und Bereiche aus. Zu nennen sind hier insbesondere die Bereiche „Gesundheit", „Versorgung/Entsorgung", „Sicherheit" und „Informationstechnologie".

---

22 Vgl. BMVBS (Hrsg.), Studie: PPP im öffentlichen Hochbau Band V: Strategie/Taskforces – Strukturskizze für das föderale Kompetenzzentrum, 2003, Seite 1.

3 Modelle des PPP

3.1 Vertragsmodelle in Deutschland

Für PPP-Modelle hat sich in Deutschland weder ein einheitliches Begriffsverständnis noch ein allgemeiner Vertragsstandard durchgesetzt. Aufgrund der individuellen und projektspezifischen Besonderheiten ist eine Vielzahl von Variationen möglich.[23]

Durch Erfahrungen in der Praxis wurden verschiedene grundlegende Modelle entwickelt und diese haben sich in den letzten Jahren in Deutschland etabliert. Diese vertraglichen Grundmodelle dienen dabei als Baustein für das jeweilige PPP-Projekt, welches individuell durch eine optimale Vertragsgestaltung angepasst wird.[24]

In Deutschland orientieren sich die PPP-Projekte am Lebenszyklusansatz. Dies bedeutet, dass sich das jeweilige PPP-Projekt auf alle Lebensphasen eines Objektes bezieht. Somit umfasst ein PPP-Projekt die Entwicklung, die Errichtung, die Finanzierung und den Betrieb und ggf. sogar die Entsorgung eines Objektes. Dadurch werden diese Projekte auch als „vollkommen" bezeichnet. In der Praxis wird jedoch oft die Betriebskomponente nicht mit einbezogen. Dann spricht man von einem s. g. „unvollkommenen" PPP-Projekt.[25]

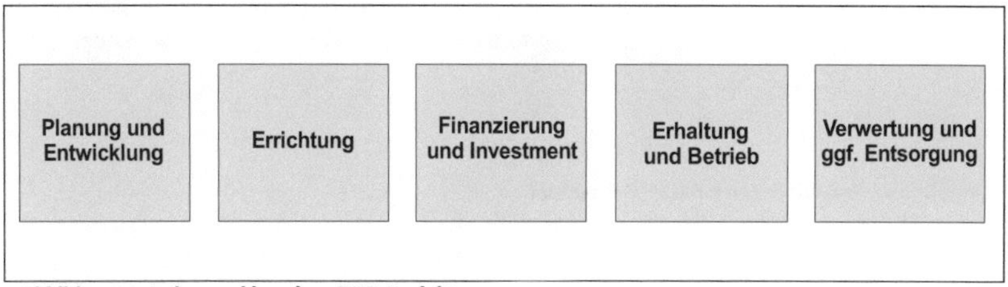

Abbildung 1 - Lebenszyklus eines PPP-Projektes

---

[23] Vgl. Müller-Wrede, M., et al., ÖPP-Beschleunigungsgesetz, 2006, Seite 27.

[24] Vgl. Buscher, R./Theurer, A., et al., PPP-Projekte für den Mittelstand, 2007, Seite 13.

[25] Vgl. Weber, M./Schäfer, M./Hausmann, L., et al., Praxishandbuch Public Private Partnership, 2006, Seite 4.

Die in Deutschland üblichen Vertragsmodelle sind:

- das Erwerbermodell,
- das Leasingmodell,
- das Vermietungsmodell,
- das Inhabermodell und das
- Contractingmodell.

Da jedes PPP-Projekt individuell aufgebaut ist, kommen die fünf Vertragsmodelle als Reinform in der Praxis nur sehr selten vor. Vielmehr wird man sich auf eine für das jeweilige Projekt optimale Mischung entscheiden.

Die Modelle unterscheiden sich insbesondere in der Eigentumszuordnung vor, während und nach den Vertragslaufzeiten. Außerdem differenzieren sie sich im vertraglichen Leistungsumfang, in der Risikoverteilung und in der Entgeltstruktur. Unabhängig von der Bezeichnung unterliegen alle Modelle jedoch den Projektphasen „Planen", „Bauen", „Finanzieren", „Betreiben" und „Verwerten".[26]

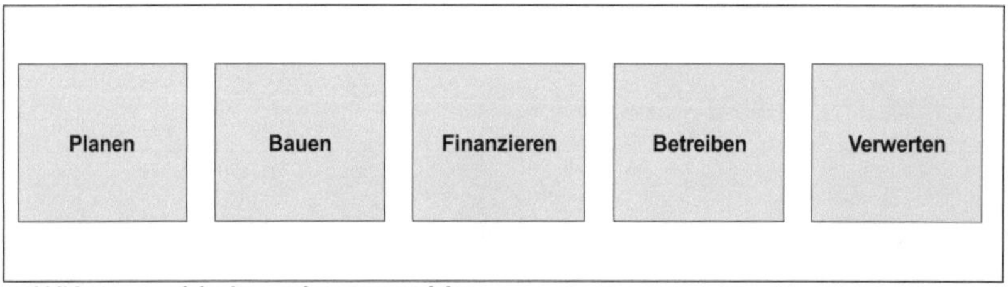

Abbildung 2 - Projektphasen eines PPP-Projektes

In Deutschland wurden jedoch noch die s. g. **A-Modelle** und **F-Modelle** entwickelt. Diese Modelle werden jedoch ausschließlich im Bereich „Straßenverkehrinfrastruktur" angewendet. Im Rahmen dieser Ausarbeitung werden diese Modelle nicht weiter betrachtet.

---

[26] Vgl. Weber, M./Schäfer, M./Hausmann, L., et al., Praxishandbuch Public Private Partnership, 2006, Seite 57.

3.1.1 Erwerbermodell

Im Prinzip kann das Erwerbermodell mit einem Ratenkauf verglichen werden. Darüber hinaus gibt es jedoch noch umfangreiche werk- und dienstvertragliche Elemente. Im Rahmen der Vereinbarungen überlässt der private Partner der öffentlichen Hand ein Objekt (z. B. eine Immobilie). Eigentümer nach dem Zivilrecht bleibt bis zum Ende der Vertragslaufzeit der private Partner. Zum Ende des Vertrages erfolgt die Rückgabe des Objektes vom privaten Partner an die öffentliche Hand. Das Objekt wird wirtschaftlich der öffentlichen Hand zugeordnet, da die Rückgabe bereits zu Vertragsabschluss vereinbart wird.[27]

Das Erwerbermodell ist langfristig orientiert und hat i. d. R. eine Vertragslaufzeit von 20 bis 30 Jahren. Die schlüsselfertige Neuerrichtung oder die umfassende Sanierung des Objektes der öffentlichen Hand durch einen privaten Partner ist ein wichtiger Vertragsbestandteil. Dazu gehört auch die anschließende intensive Betreuung des Objektes *(Facility Management)* durch den privaten Partner.[28]

Der Leistungsumfang des privaten Partners umfasst die Planung, die Errichtung, die Finanzierung und den Betrieb des Objektes und die Eigentumsübertragung an den öffentlichen Partner zum Ende der Vertragslaufzeit. Der private Partner erhält für seine Leistungen ein nach monatlichen oder jährlichen Raten gestaffeltes Entgelt.[29]

Im Erwerbermodell liegen die Projektrisiken zum Grossteil beim privaten Partner. Die öffentliche Hand trägt dabei das Risiko der regelmäßigen Zahlungen an den privaten Partner, dessen Insolvenz und das Risiko der Verwertung am Ende der Vertragslaufzeit.[30]

Ein Beispiel für ein Erwerbermodell in der Praxis ist das *Bildungszentrum Ostend* in Frankfurt am Main. Im Rahmen dieses kommunalen Projektes wurden in einem multifunktionalen Bildungszentrum mehrere Bildungseinrichtungen der Stadt zusammengefasst. Aufgabe des privaten Partners waren dabei u. a. der Erwerb der Grundstücke, Errichtung der Immo-

---

[27] Vgl. BMVBS und DSGV (Hrsg.), PPP-Handubch Leitfaden für Öffentlich-Private-Partnerschaften, 2008, Seite 62.

[28] Vgl. Leinemann, R./Kirch, T., ÖPP-Projekte konzipieren – ausschreiben – vergeben, 2006, Seite 23.

[29] Vgl. Weber, M./Schäfer, M./Hausmann, L., et al., Praxishandbuch Public Private Partnership, 2006, Seite 57.

[30] Vgl. Schach, R./Gurtler, V., Stochastische Risikobetrachtung bei PPP-Projekten, 2007, Seite 31.

bilie als Totalunternehmen und die Übernahme des anschließenden Betriebs. Die Anforderungen des Auftraggebers wurden in einer funktionalen Leistungsbeschreibung mit Raumprogramm und Raumtypenbuch definiert. Die Rückgabe der Immobilie an die Stadt Frankfurt am Main erfolgt zum Ende der 20jährigen Vertragslaufzeit. Das Pilotprojekt umfasste ein Investitionsvolumen von 56 Millionen Euro und wurde im März 2005 abgeschlossen.[31]

3.1.2 Leasingmodell

Beim Leasingmodell wird durch die öffentliche Hand ein Objekt „gemietet" bzw. geleast. Die Grundkonstruktion des Leasingmodells stimmt mit dem des Erwerbermodells überein. Der zentrale Unterschied liegt jedoch darin, dass der private Partner keine bedingungslose vertragliche Verpflichtung zur Rückübertragung des Objektes hat. Es wird jedoch sehr oft eine Rückkauf- oder Verlängerungsoption für die öffentliche Hand vereinbart. Die Vertragslaufzeit beträgt i. d. R. - wie auch beim Erwerbermodell - 20 bis 30 Jahre[32]

Der Leistungsumfang des privaten Partners umfasst die Planung, den Bau, die Finanzierung und den Betrieb des Objektes. Planung und der Bau des Objektes sind Voraussetzungen der vertraglichen Gebrauchsüberlassungspflicht und nicht, wie beim Erwerbermodell, Gegenstand der vertraglichen Leistungspflicht. Der private Partner erhält für seine Leistungen ein nach monatlichen Raten gestaffeltes Entgelt.[33] Die Übertragung des Objektes an die öffentliche Hand erfolgt zum vertraglich vereinbarten Restwert.[34]

Das Eigentum am Objekt liegt i. d. R. beim privaten Partner. Es besteht jedoch auch die Möglichkeit, dass die öffentliche Hand im Eigentum des Objektes steht und dann im Rahmen einer erbbaurechtlichen Vereinbarung das Objekt (z. B. ein Grundstück) an den privaten Partner überträgt. Dieser wird dann zum Bau einer entsprechenden Immobilie verpflichtet

---

[31] Vgl. BMVBS (Hrsg.), *http://www.ppp-projektdatenbank.de/index.php?id=28&tx_ppp_controller_search-form%5BprojectId%5D=82&tx_ppp_controller_search form%5Baction%5D=showProject*, 06.09.2008.

[32] Vgl. Buscher, R./Theurer, A., et al., PPP-Projekte für den Mittelstand, 2007, Seite 15.

[33] Vgl. Weber, M./Schäfer, M./Hausmann, L., et al., Praxishandbuch Public Private Partnership, 2006, Seite 58.

[34] Vgl. Leinemann, R./Kirch, T., ÖPP-Projekte konzipieren – ausschreiben – vergeben, 2006, Seite 23.

und muss zudem das Recht zur Nutzung an die öffentliche Hand übertragen. Die Zuordnung des Eigentums am Objekt hat insbesondere steuerrechtliche Auswirkungen. Liegen diese z. B. beim privaten Partner, so kann er entsprechende Abschreibungen des Objektes steuerlich geltend machen.[35]

Die Risiken der öffentlichen Hand liegen im Leasingmodell bei den regelmäßigen Zahlungen des Nutzungsentgelts an den privaten Partner. Mit dem Nutzungsentgelt sollen die Investitionskosten und alle weiteren laufenden Betriebskosten gedeckt werden. Durch die Wahloption der öffentlichen Hand bzgl. der Rückfrage zum Ende der Vertragslaufzeit, trägt das Risiko der weiteren Nutzung der private Partner.[36]

Ein Leasingmodell wurde in der Praxis mit der Errichtung des **Kinderherztransplantationszentrums** des *Universitätsklinikums Gießen* umgesetzt. Die privaten Partner bei diesem Projekt sind die Firma *HOCHTIEF Constructions AG* und die *Deutsche-Anlagen-Leasing GmbH (DAL)* sowie die *Fördergemeinschaft Deutsche Kinderherzzentren e. V.* Der Vertrag hat eine Laufzeit von 28 Jahren und umfasst ein Investitionsvolumen von 7,5 Millionen Euro.[37]

3.1.3 Vermietungsmodell

Im Gegensatz zum Leasingmodell gehen beim Vermietungsmodell die Partner nicht von einer Übertragung des Eigentums am Objekt zum Vertragsende aus. Vielmehr erfolgt, wie bei einer normalen Geschäftsraummiete, am Ende der Vertragslaufzeit eine Räumung des Objektes durch den öffentlichen Nutzer. Oft wird jedoch eine Kaufoption für die öffentliche Hand vereinbart, welche in der Praxis jedoch selten ausgeübt wird.[38]

Der Leistungsumfang des privaten Partners umfasst die Phasen Planung, Bau, Finanzierung und Betrieb des Objektes. Eine Eigentumsübertragung ist nicht Bestandteil der Vereinbarung. Ausnahme bildet hier jedoch eine entsprechend vereinbarte Kaufoption. Planung und Bau sind Bestandteil des tatsächlichen Leistungsumfangs und ebenfalls kein Gegenstand der

---

35 Vgl. BMVBS und DSGV (Hrsg.), PPP-Handbuch Leitfaden für Öffentlich-Private-Partnerschaften, 2008, Seite 63.

36 Vgl. Schach, R./Gurtler, V., Stochastische Risikobetrachtung bei PPP-Projekten, 2007, Seite 32.

37 Vgl. HOCHTIEF Construction AG (Hrsg.), *http://www.hochtief-construction.de/construction/30.jhtml?pid=7366*, 06.09.2008.

38 Vgl. Buscher, R./Theurer, A., u. a., PPP-Projekte für den Mittelstand, 2007, Seite 15.

vertraglich vereinbarten Leistungspflichten des privaten Partners. Die Entgeltkalkulation richtet sich nach den laufenden Betriebskosten des Objektes und nach der marktüblichen Miete für ein vergleichbares Objekt.[39]

Der eventuelle Verkaufspreis des Objektes zum Ende der Vertragslaufzeit richtet sich nach dem entsprechenden aktuellen Verkehrswert des Objektes.[40]

Im Vermietungsmodell trägt die öffentliche Hand das Risiko, die sich aus der Zahlung der regelmäßigen Miete ergibt. Gedeckt werden durch diese Miete die entstandenen Investitionskosten sowie die laufenden Betriebskosten des privaten Partners. Das Nutzungsrisiko beim Ablauf der Vertragslaufzeit trägt der private Partner, sofern die Kaufoption durch die öffentliche Hand nicht ausgeübt wird. Dann ergibt sich jedoch ein Risiko für die öffentliche Hand bzgl. der Anschlussfinanzierung bei der Übernahme des Objektes. Hierbei ist eine rechtzeitige Planung der öffentlichen Hand dringend erforderlich.[41]

Ein Beispiel für ein Vermietungsmodell wurde in der *Stadt Freudenberg* (NRW) mit dem Neubau des Rathauses umgesetzt. Ziel des Projektes ist die Zentralisierung der Verwaltung von bis dato drei Standorten auf einen zentralen Standort. Die alten Objekte konnten durch den maroden Zustand nicht mehr wirtschaftlich saniert werden und mussten dringend durch einen Neubau ersetzt werden. Das Investitionsvolumen betrug 4,58 Millionen Euro und wurde im August 2008 fertig gestellt. Die Vertragslaufzeit beträgt 25 Jahre.[42]

3.1.4 Inhabermodell

Im Rahmen des Inhabermodells bleibt die öffentliche Hand zivilrechtlicher Eigentümer des zu sanierenden Objektes. Dem privaten Partner werden

---

39 Vgl. Weber, M./Schäfer, M./Hausmann, L., et al., Praxishandbuch Public Private Partnership, 2006, Seite 58.

40 Vgl. Buscher, R./Theurer, A., et al., PPP-Projekte für den Mittelstand, 2007, Seite 15.

41 Vgl. Schach, R./Gurtler, V., Stochastische Risikobetrachtung bei PPP-Projekten, 2007, Seite 32 f.

42 Vgl. BMVBS (Hrsg.), *http://www.ppp-projektdatenbank.de/index.php?id=28&tx_ppp_controller_searchform%5BprojectId%5D=46&tx_ppp_controller_searchform%5Baction%5D=showProject*, 06.09.2008.

lediglich vertragliche Besitz- und Nutzungsrecht eingeräumt und ggf. zu dessen Gunsten ein Nießbrauchrecht bestellt.[43]

Das in der Praxis am häufigsten vorkommende Modell wird insbesondere im kommunalen Bereich zur Sanierung von Schulen eingesetzt.[44]

Die Leistungspflichten des privaten Partners umfassen die Planung, den Bau, die Finanzierung und den Betrieb des Objektes. Der private Partner erhält für seine Leistungen ein monatliches oder jährliches Entgelt.[45] Ein besonderer Vorteil am Inhabermodell liegt darin, dass keine Kosten für einen Grundstückserwerb oder eine Bestellung eines Erbbaurechts anfallen.[46]

Der private Partner trägt beim Inhabermodell das Risiko der regelmäßigen Zahlungen. Das Risiko für die Verwertung am Ende der Vertragslaufzeit liegt bei der öffentlichen Hand. Durch die regelmäßigen Entgeltzahlungen werden bis zum Vertragsende die Investitionskosten und die laufenden Betriebskosten des privaten Partners gedeckt.[47]

Bereits eine große Anzahl von PPP-Projekten wurde mit dem Inhabermodell in Deutschland umgesetzt. Insbesondere bei den Kommunen findet das Modell großes Interesse. In der Praxis wurde das Inhabermodell z. B. in *Köln-Rodenkirchen* mit dem Neubau einer Gesamtschule umgesetzt. Privater Partner bei diesem Projekt ist die *HOCHTIEF PPP Solutions GmbH*. Die Bauphase für dieses Projekt mit einem Investitionsvolumen von 50 Millionen Euro wird voraussichtlich im November 2009 abgeschlossen sein und bietet dann Platz für 1.300 Schüler. Neben der Errichtung des neuen Schulgebäudes ist der private Partner auch für den anschließenden Betrieb und für die Entsorgung bzw. Abriss des alten Schulgebäudes verantwortlich. Die Vertragslaufzeit beträgt 25 Jahre.[48]

---

43 Vgl. Leinemann, R./Kirch, T., ÖPP-Projekte konzipieren – ausschreiben – vergeben, 2006, Seite 24.

44 Vgl. Buscher, R./Theurer, A., u. a., PPP-Projekte für den Mittelstand, 2007, Seite 16.

45 Vgl. Weber, M./Schäfer, M./Hausmann, L., et al., Praxishandbuch Public Private Partnership, 2006, Seite 59.

46 Vgl. BMVBS und DSGV (Hrsg.), PPP-Handbuch Leitfaden für Öffentlich-Private-Partnerschaften, 2008, Seite 63.

47 Vgl. Schach, R./Gurtler, V., Stochastische Risikobetrachtung bei PPP-Projekten, 2007, Seite 33.

48 Vgl. BMVBS (Hrsg.), *http://www.ppp-projektdatenbank.de/index.php?id=28&tx_ppp_controller_searchform%5BprojectId%5D=59&tx_ppp_controller_searchform%5Baction%5D=showProject*, 07.09.2008.

3.1.5 Contractingmodell

Betriebswirtschaftliche oder bauliche Optimierungsmaßnahmen liegen im Contractingmodell im Fokus der Betrachtung. Die erforderlichen Maßnahmen werden durch den privaten Partner an bestehenden technischen Anlagen durchgeführt. (z. B. Heizungsanlage in einem Schulgebäude). Daher wird das Contractingmodell auch „Energiesparmodell" genannt. Die Vertragslaufzeiten sind wesentlich kürzer als bei den anderen Vertragsmodellen und betragen in der Praxis etwa 5 bis 15 Jahre. Während der vereinbarten Vertragslaufzeit ist der private Partner für die technischen Anlagen im Gebäude des öffentlichen Auftraggebers verantwortlich.[49]

Zivilrechtlicher Eigentümer der technischen Anlagen ist bei Einbau in das Gebäude sofort die öffentliche Hand. Zurückzuführen ist dies auf eine generelle gesetzliche Grundlage, wonach feste Bestandteile eines Gebäudes zum Gebäudeeigentum gehören. Oft wird in der Praxis jedoch vereinbart, dass der private Vertragspartner nach Ablauf der Vertragslaufzeit zum Ausbau bzw. zur Entsorgung der Anlage verpflichtet ist.[50]

Der Leistungsumfang des privaten Partners umfasst die Planung, den Einbau oder eine Optimierung der technischen Anlage sowie die Finanzierung und den Betrieb. Dafür erhält er von der öffentlichen Hand ein monatliches oder jährliches Entgelt für seine Leistungen.[51]

Bei diesem Modell liegen die Risiken der regelmäßigen Zahlungen bei der öffentlichen Hand. Mit diesen Zahlungen werden die Investitionskosten und die laufenden Betriebskosten des privaten Partners gedeckt, wobei die neue Anlage keine höheren Kosten im Vergleich zur alten Anlage für den öffentlichen Partner verursachen darf. Der private Partner trägt das Risiko der Investition und für den Betrieb der technischen Anlage. Ist der private Partner zum Ende der Vertragslaufzeit verpflichtet, die technische Anlage wieder zu entfernen, so trägt er das entsprechende Risiko für die Verwertung bzw. Entsorgung der alten Anlage.[52]

---

49 Vgl. Leinemann, R./Kirch, T., ÖPP-Projekte konzipieren – ausschreiben – vergeben, 2006, Seite 24.

50 Vgl. Buscher, R./Theurer, A., et al., PPP-Projekte für den Mittelstand, 2007, Seite 17.

51 Vgl. Weber, M./Schäfer, M./Hausmann, L., et al., Praxishandbuch Public Private Partnership, 2006, Seite 59.

52 Vgl. Schach, R./Gurtler, V., Stochastische Risikobetrachtung bei PPP-Projekten, 2007, Seite 33 f.

Praxisrelevant ist dieses Modell insbesondere bei der Wärme- und Energieversorgung von Gebäuden und wird häufig von Kommunen zur Sanierung von technischen Anlagen eingesetzt.

Ein Praxisbeispiel wurde in *Berlin* bei der Sanierung von 11 Bädern umgesetzt. Mit Hilfe der Firma *Siemens Building Technologies GmbH* und einer Investitionssumme von 7,93 Millionen Euro konnten die Betriebskosten um 50 % reduziert werden. Erreicht wurde dies durch eine Modernisierung der Heizungs-, Lüftungs- und Klimatechnik sowie Trinkwassererwärmung, Filtertechnik und Beleuchtung. Das Projekt hat eine Laufzeit von 10 Jahren.[53]

3.2 Organisationsmodelle

Im Fokus der öffentlichen Hand steht die Erreichung der vorher definierten Projektziele. Um diese Ziele optimal realisieren zu können, ist die Anpassung des Organisationsmodells auf die entsprechenden Rahmenbedingungen erforderlich.[54]

Organisationsmodelle bilden das organisatorische Grundgerüst eines PPP-Projektes. Sie unterscheiden sich dabei nach der Art der Aufgabenverteilung, der Refinanzierung und Beteiligung an der Projektgesellschaft.[55] Für die öffentliche Hand und für den privaten Partner ergeben sich erhebliche Auswirkungen. Dabei sind u. a. die Mitbestimmung und der jeweilige Einfluss sowie die Risikoverteilung bei der Umsetzung eines PPP-Projektes zu nennen.

Die Organisationsmodelle können unterschieden werden nach:

- Betreibermodell,
- Konzessionsmodell und dem
- Gesellschaftsmodell/Kooperationsmodell.

Diese Organisationsmodelle können mit allen beschriebenen Vertragsmodellen kombiniert werden. Die Rahmenbedingungen für jedes PPP-

---

53 Vgl. Siemens Building Technologies GmbH, *http://www.buildingtechnologies.siemens.de/Loesungen+und+Services/Loesungen/Referenzen/Energiespar-Contracting/Berliner+B%c3%a4der-Betriebe.htm*, 07.09.2008.

54 Vgl. Weber, M./Schäfer, M./Hausmann, L., et al., Praxishandbuch Public Private Partnership, 2006, Seite 16.

55 Vgl. Schach, R./Gurtler, V., Stochastische Risikobetrachtung bei PPP-Projekten, 2007, Seite 28.

Projekt sind individuell und von Projekt zu Projekt stark unterschiedlich. Daher wird auch bzgl. der Organisation nur von einem „Modell" gesprochen. In der Praxis kommen unzählige Projektvariationen vor, da je nach Gegebenheit die Modelle verknüpft werden, um so ein optimales Ergebnis zu gewährleisten.

3.2.1 Betreibermodell

Das Betreibermodell ist die häufigste Organisationsform von PPP-Projekten in Deutschland. Das Vertragsverhältnis liegt dabei ausschließlich zwischen dem privaten Partner und der öffentlichen Hand. Der Leistungsempfänger zahlt evtl. Nutzenentgelte oder Gebühren direkt an die öffentliche Hand und kommt somit mit dem privaten Partner nur indirekt in Kontakt.[56]

Daher werden Betreibermodelle insbesondere in Bereichen eingesetzt, in denen starker Bezug zu hoheitlichen Aufgaben der öffentlichen Hand besteht und wo der private Partner eher im Hintergrund bleiben möchte oder sollte. Der Nutzer kann dennoch die Vorteile einer effizienten und effektiven Leistung, welche durch den privaten Partner bereitgestellt wird, in Anspruch nehmen.

Das Risiko der Refinanzierung beim Betreibermodell trägt der private Partner. Das regelmäßige Entgelt wird auf Grundlage eines kalkulierten Angebotes ermittelt und soll neben den Investitionskosten auch die laufenden Betriebskosten decken. Da eine direkte Beziehung zwischen dem privaten Partner und dem Nutzer (z. B. Leistungsempfänger, Bürger etc.) nicht besteht, bleiben die hoheitlichen Aufgaben bei der öffentlichen Hand.[57]

In der Praxis sind jedoch oft Mischungen von Leistungen des privaten Partners und der öffentliche Hand üblich bzw. der private Partner geht in Vorleistung für die Leistungserstellung der öffentlichen Hand.

3.2.2 Konzessionsmodell

Im Gegensatz zum Betreibermodell erhält der private Partner im Konzessionsmodell das Recht, für seine Leistungen Gebühren oder Entgelte direkt von den Drittnutzern zu erheben. Somit steht der private Partner di-

---

[56] Vgl. Schach, R./Gurtler, V., Stochastische Risikobetrachtung bei PPP-Projekten, 2007, Seite 28.

[57] Vgl. ebenda, Seite 28.

rekt im Kontakt mit dem Nutzer bzw. Leistungsempfänger. Ein wichtiger Kritikpunkt beim Konzessionsmodell ist dabei, dass der private Partner vorrangig in seinem Interesse tätig ist und nicht die Interessen des öffentlichen Partners vertritt.[58]

Durch eine effizientere und effektivere Leistungserstellung können jedoch indirekt auch wiederum die Interessen der öffentlichen Hand und somit auch des Nutzers bzw. des Leistungsempfängers verfolgt werden.

Das Risiko der Refinanzierung trägt der private Partner und es ergibt sich aus der direkten Rechtsbeziehung zum Endnutzer. Nimmt dieser die Leistungen nicht oder nur im geringeren Umfang wahr, als dies durch den privaten Partner geplant war, so können sich erhebliche Finanzierungslücken auftun. Daher wird in der Praxis häufig ein zusätzliches regelmäßiges Entgelt durch die öffentliche Hand vereinbart.[59]

Das Konzessionsmodell eignet sich insbesondere in Bereichen, in denen keine sensiblen hoheitlichen Aufgaben durch die öffentliche Hand wahrgenommen werden. Vielmehr können durch die Einbindung eines privaten Partners die Leistungen für den Nutzer bzw. Leistungsempfänger erbracht werden, welche sonst in der Effizienz und Effektivität durch die öffentliche Hand nicht erbracht werden können. Oft kommt es in der Praxis bei den Nutzern bzw. Leistungsempfängern zu Unmut, wenn für sie der Zusatznutzen nicht klar deutlich wird. Vor allem, wenn Leistungen bis *dato* unentgeltlich angeboten wurden oder der Leistungsumfang mit Einführung des privaten Partners (insbesondere bei Serviceleistungen) eingeschränkt wurde.

3.2.3 Gesellschaftsmodell/Kooperationsmodell

Im Gesellschaftsmodell bzw. Kooperationsmodell werden die Auftragnehmerpflichten durch eine Projektgesellschaft übernommen. Diese Projektgesellschaft wird durch die öffentliche Hand und den privaten Partner errichtet. Dabei können grundsätzlich alle Formen der Kapitalgesellschaften und Personengesellschaften verwendet werden.[60]

---

[58] Vgl. Weber, M./Schäfer, M./Hausmann, L., et al., Praxishandbuch Public Private Partnership, 2006, Seite 253.

[59] Vgl. Schach, R./Gurtler, V., Stochastische Risikobetrachtung bei PPP-Projekten, 2007, Seite 29.

[60] Vgl. Buscher, R./Theurer, A., et al., PPP-Projekte für den Mittelstand, 2007, Seite 19.

Die Wahl der Gesellschaftsform orientiert sich an der zulässigen und zweckmäßigen Gestaltung von Entscheidungsrechten und Haftungsfragen. Grundlage sind dabei die entsprechenden Projekterfordernisse.[61]

Durch die Beteiligung an der Projektgesellschaft kann die öffentliche Hand erheblichen Einfluss auf das Projekt nehmen. Zudem kann die öffentliche Hand bei Konflikten zur Lösungsfindung auf Gesellschaftsebene beitragen.[62]

Ein Kritikpunkt an partnerschaftlichen Projektgesellschaften sind die zum Teil auftretenden wirtschaftlichen und politischen Zielkonflikte der öffentlichen Hand bzw. deren verantwortlichen Politiker. Aus diesem Grund besteht das Risiko, dass die Projektgesellschaften für politische Ziele missbraucht werden und diese im Gegensatz zu evtl. erforderlichen wirtschaftlichen Entscheidungen stehen.

---

61 Vgl. Weber, M./Schäfer, M./Hausmann, L., et al., Praxishandbuch Public Private Partnership, 2006, Seite 60.

62 Vgl. Müller-Wrede, M., et al., ÖPP-Beschleunigungsgesetz, 2006, Seite 30.

4 Informationstechnologie im öffentlichen Sektor

4.1 Begriffsdefinition und Abgrenzung

Informationstechnologie (IT) ist ein Sammelbegriff für die elektronische Informations- und Datenverarbeitung (EDV) und umfasst die dafür benötigten hardware- und softwaretechnischen Komponenten. Die EDV umfasst die Verarbeitung von Daten durch elektronische Systeme (Computer) mittels Eingabe, Verarbeitung und Ausgabe (EVA-Prinzip).

Die Komponenten eines Systems zur Informations- und Datenverarbeitung (Computer bzw. Computersysteme) lassen sich in *Hardware* und *Software* unterteilen.

Die *Hardware* ist ein Sammelbegriff für die maschinentechnische Ausrüstung eines Computersystems. Diese *hardware*-technischen Komponenten umfassen den Prozessor, welcher für die Verarbeitung und Steuerung der verschiedenen Prozesse und Geräte verantwortlich ist. Zudem Systeme zur Datenspeicherung wie Festplatten und Arbeitsspeicher sowie externe Systeme (Peripheriesysteme), welche i. d. R. der Dateneingabe und Datenausgabe dienen (Tastatur, Bildschirm, Drucker).

Die Peripheriesysteme bilden sehr oft eigenständige Einheiten (Geräte). Sie benötigen oft eine eigene Energieversorgung und sind über Datenleitungen (Kabel, Funk) mit dem Computersystem verbunden. Ohne ein entsprechendes Computersystem sind Peripheriesysteme i. d. R. jedoch nicht eigenständig nutzbar.

Die *Hardware* eines Computersystems ist i. d. R. zum Schutz mit einem festen Gehäuse umschlossen. Hinzu kommen noch die Einheiten für die Energieversorgung des Systems (Netzteil).

Computersysteme gibt es in verschiedenen Größen und reichen von tragbaren Mini-Geräten (*Notebook/Laptop*) über die typischen Arbeitsplatzrechner (*Desktop/Workstation*) bis hin zu umfangreichen Großcomputersystemen (*Server*). Insbesondere in Großunternehmen, in der öffentlichen Verwaltung, aber auch in der Forschung werden Großrechnersysteme (*Mainframe*) eingesetzt, welche teilweise ganze oder sogar mehrere Gebäude umfassen können. Computersysteme sind sehr oft zu Netzwerken miteinander verbunden und können so z. B. gegenseitig Informationen austauschen oder gemeinsame Speichermedien (z. B. Festplatten, Bandstationen) oder externe Peripheriegeräte nutzen (z. B. Drucker, Plotter).

Die *Software* eines Computersystems kann in das Betriebssystem und in die Anwendungsprogramme unterteilt werden. Zur *Software* werden aber auch die für die Verarbeitung benötigten Daten gerechnet, welche in Dateien (Sammlung von Daten) bzw. Datenbanksystemen (Sammlung von Dateien) aufbewahrt werden.

Das Betriebssystem wird benötigt, um die *hardware*-technischen Bestandteile des Computersystems zu steuern. Ohne ein Betriebssystem ist die *Hardware* nicht funktionsfähig. Das Betriebssystem wird i. d. R. beim Start des Computers in den Arbeitsspeicher geladen.

Die individuelle Verarbeitung von Daten erfolgt durch die Anwendungsprogramme bzw. Anwendungs*software*. Hierbei kann es sich einmal um Standardsoftware (z. B. Programme zur Textverarbeitung) oder um individuelle Spezialsoftware (z. B. Steuerungs- und Verarbeitungssystem zur Abrechnung von Wertpapiergeschäften) handeln.

Hardware und *Software* sind aber nur ein erster Schritt zur elektronischen Verarbeitung von Daten. Hinzu kommt noch eine große Anzahl von Spezialpersonal zur Pflege, Wartung und Weiterentwicklung der *hardware*- und *software*-technischen Komponenten. Insbesondere in Großunternehmen und der öffentlichen Verwaltung haben sich so große Abteilungen und Bereiche gebildet, welche dafür verantwortlich sind, die z. T. sehr komplexen Prozesse und Abläufe zu kontrollieren.

Die IT lässt sich für ein Unternehmen, aber auch für die öffentliche Verwaltung nur schwer abgrenzen, da die IT bereichsübergreifende Auswirkungen hat und zudem sehr eng mit den internen Prozessen verbunden ist. Zudem müssen im Rahmen der IT auch die Bereiche Datenschutz und Datensicherheit betrachtet werden, die insbesondere in der heutigen Zeit enorm wichtig sind.

4.2 Investitionsbedarf im Bereich der IT

Nach den großen Projekten zur Jahrtausendumstellung und zur Euro-Umstellung wurden in der IT der Privatwirtschaft die Investitionen stark zurückgefahren. Der Kostendruck, insbesondere durch die Rezession der deutschen Wirtschaft bedingt, zwang die Unternehmen zum sparen. Die Wartung, die Betreuung und die Weiterentwicklung der IT wurden in den Unternehmen auf ein Minimum reduziert.

In der Privatwirtschaft ist jedoch in den letzten Jahren wieder eine Zunahme der Investitionen zu vermerken, welche auch für die Zukunft weiter anhalten soll. Nach einer Studie der Beratungsfirma *IDC Central Europe GmbH* soll das Wachstum der Investitionen für einen Zeitraum 2006 bis 2011 weiter an Dynamik gewinnen. Die öffentliche Hand liegt jedoch weit hinter dieser Entwicklung zurück. Es wird jedoch erwartet, dass die öffentliche Hand den Investitionsstau der letzten Jahre aufholen wird.[63]

Die Wirtschaftsprüfungsgesellschaft *Pricewaterhouse Coopers AG* hat im Rahmen der Studie „Der Wertbeitrag der IT zum Unternehmenserfolg" auch den öffentlichen Sektor betrachtet. Hier wurde festgestellt, dass der Entwicklungsrückstand der öffentlichen Hand in der IT im Vergleich zur Privatwirtschaft ca. 10 bis 15 Jahre beträgt. In dieser Studie stellt die *Pricewaterhouse Coopers AG* fest, dass die öffentliche Hand ein sehr großes Entwicklungspotential hat. Erschwert wird dies jedoch durch die stark heterogene und teilweise veraltete Systemlandschaft. Neben dem immer noch bestehenden Haushaltsdruck sollen die Leistungen der öffentlichen Hand jedoch weiter optimiert werden und möglichst bürgernah angeboten werden. Daher wird ein „Lernen von der Privatwirtschaft" bei der Umsetzung von Entwicklungsprojekten empfohlen.[64]

Die öffentliche Hand steckt somit in einem Dilemma. Einmal können durch die angespannte Haushaltslage wichtige Investitionen im Bereich der IT nicht durchgeführt werden. Diese Investitionen würden jedoch wiederum eine höhere Effizienz und Effektivität bei der Erbringung der Leistungen nach sich ziehen, welche wiederum zu einer Kostenreduktion führen könnte.

Nach einer Studie des *Statistisches Bundesamtes* haben im ersten Quartal 2007 in Deutschland über 27 Millionen Bürger (43 Prozent) ihre Behördengänge über das Internet durchgeführt. Dabei haben sich die Anwender insbesondere über diverse Leistungen informiert und Formulare aus dem Internet entladen oder direkt elektronisch an die Behörde versendet. Fördernd für diese Entwicklung ist neben den wirtschaftlichen Aspekten auch das besondere Engagement der *Europäischen Union* auf diesem Gebiet. Dennoch besteht ein weiterer Optimierungsbedarf, da derzeit immer noch viele Prozesse nicht ausschließlich elektronisch durchführbar sind.[65]

---

63 Vgl. StepStone (Hrsg.), *http://www.it-jobs.stepstone.de/content/de/de/b2c_IT_Investitionenin_ziehenan.cfm*, 14.09.2008.

64 Vgl. Pricewaterhouse Coopers AG (Hrsg.), Der Wertbeitrag der IT zum Unternehmenserfolg, 2008, Seite 76.

65 Vgl. Computerwoche (Hrsg.), *http://www.computerwoche.de/nachrichtenarchiv/1857070/*, 28.12.2008.

4.3 Entwicklungen der IT im öffentlichen Sektor

In vielen öffentlichen Einrichtungen besteht die Bestrebung, mit Hilfe einer modernen IT die verschiedenen Verwaltungsprozesse effizienter und effektiver zu gestalten und damit dem Bürger als Nutzer der verschiedenen Dienstleistungen unter dem Motto: **eGoverment**[66] einen optimalen Service zu bieten. Diese Bestrebung wird jedoch durch die knappe Ressourcenverfügbarkeit der öffentlichen Hand in Bezug auf die IT sehr stark eingeschränkt. Nach einer Umfrage der *IDC Central Europe GmbH* geben die Kommunen alleine zwei Drittel aller zur Verfügung stehenden finanziellen Ressourcen für den operativen Betrieb der IT aus. Zum Vergleich verwendet z. B. der Bankensektor nur 50 Prozent der finanziellen Mittel für den Betrieb seiner IT auf. Ein besonderes Problem liegt vor allem im Bereich der Kommunikation zwischen den Verantwortlichen der IT-Bereiche und den zuständigen Fachbereichen der öffentlichen Verwaltung. Ursache ist hier insbesondere, dass aus der Sicht der Anwender die IT nur als notwendiger Bestandteil der Infrastruktur gesehen wird. Die Chance zur Verbesserung der Verwaltungsprozesse wird dabei durch die Anwender zum großen Teil nicht erkannt.[67]

Die notwendigen Entwicklungen werden jedoch erheblich durch die Strukturen des öffentlichen Sektors in Deutschland behindert. Nach einer Expertise der Unternehmensberatung *Pierre Audoin Consultans* werden vor allem in Behörden auf kommunaler und regionaler Ebene die IT-Systeme und Anwendungslandschaften sowie der *Back-Office*-Bereich[68] modernisiert. Derzeit werden die Prioritäten in den Anwendungen direkt zum Bürger gesetzt, da hier vor allem das Tagesgeschäft der Behörden entlastet werden kann. Obwohl aktuell in diesem Bereich die Prioritäten in der Entwicklung gesetzt werden, hängen (nach Ergebnis der Untersuchung) die Anwendungen weit hinter den technischen Möglichkeiten zurück. Dennoch wird eine Steigerung der Investitionen erwartet, da vor al-

---

66 Unter eGoverment wird das Regieren und Verwalten mit Unterstützung von modernen Informations- und Kommunikationstechniken verstanden. Zielsetzung ist dabei die Vereinfachung und Durchführung von Kommunikationsprozessen zwischen den verschiedenen Einrichtungen der öffentlichen Hand sowie zwischen der öffentlichen Hand und Bürgern bzw. Unternehmen.

67 Vgl. Computerwoche (Hrsg.), *http://www.computerwoche.de/subnet/t-systems/1880301/*, 27.12.2008.

68 Back-Office-Bereiche sind Teile eines Unternehmens oder der öffentlichen Verwaltung, die nicht zum Kerngeschäft gehören und ausschließlich zur Aufrechterhaltung des Betriebs notwendig sind. (z. B. Buchhaltung, Controlling, IT-Support, Personalmanagement).

lem das Ziel der Reduktion der Betriebskosten im Fokus der aktuellen Betrachtung steht. Als problematisch für die Entwicklung in Deutschland wird vor allem der Beamtenstatus bzw. bei städtischen Angestellten der beamtenähnliche Status gesehen. Die Veränderungsbereitschaft, insbesondere bei der Zusammenarbeit mit externen Partnern, wird für Deutschland als schwierig eingestuft.[69]

Die Investitionen der öffentlichen Hand im IT-Bereich sind seit den letzten Jahren stark gestiegen. Die Investitionen von Bund, Ländern und Kommunen lagen im Jahr 2005 nach einer Studie des Branchenverbandes *BITKOM* und des Marktforschungsinstituts *TechConsult* bei 16 Milliarden Euro. Im Jahr 2006 lagen die Investitionen bereits bei 17,1 Milliarden Euro. Die Nachfrage der öffentlichen Hand liegt nach der Studie insbesondere im Bereich von Beratungsleistungen. Zentraler Bereich sind die Investitionen in elektronische Bürgerdienste. Dabei sollen möglichst viele Dienstleistungen der Behörden über Online-Anwendungen über das Internet abgewickelt werden.[70]

Für das Jahr 2009 sehen der Branchenverband *BITKOM* und das Marktforschungsinstitut *TechConsult* eine weitere Steigerung der Investitionen im öffentlichen Bereich im IT-Sektor. Dabei sollen insgesamt 18,1 Milliarden Euro durch Bund, Länder und Kommunen investiert werden. Dies ist eine Steigerung, bezogen auf das Jahr 2008, um 2,7 Prozent. Für das Jahr 2010 sieht der Verband eine weitere Steigerung der Investitionen. Größter Investitionsbereich bleiben auch weiterhin die IT-Beratungsleistungen und die Übertragung von IT-Leistungen an private Partner.[71]

Trotz der allgemein schwierigen wirtschaftlichen Situation, welche auch erhebliche Auswirkungen auf die Haushalte von Bund, Ländern und Kommunen hat, gibt es derzeit keine Bestrebungen, die Investitionen in Frage zu stellen. Dies liegt jedoch insbesondere an einem Investitionszwang, so dass aktuelle Investitionen gar nicht verschoben werden können, da diese lt. der Unternehmensberatung *Pierre Audoin Consultans* bereits gesetzlich verankert sind. Als Beispiel wurde hier die Dienstleis-

---

69 Vgl. CIO (Hrsg.), *http://www.cio.de/strategien/methoden/821642/index1.html*, 27.12.2008.

70 Vgl. TecChannel (Hrsg.), *http://www.tecchannel.de/news/themen/business/ 469440 /studie_oeffentliche_verwaltung_gibt_fast_17_milliarden_euro_fuer_hightech_aus/*, 27.12.2008.

71 Vgl. ebenda, *http://www.tecchannel.de/news/themen/business/1780092/oeffentliche_verwaltung _investiert_2009_rund_18_milliarden_euro_in_it_und_kommunikation/index.html?q le=rssfeed_*, 27.12.2008.

tungsrichtlinie der EU genannt, welche bis Ende 2009 umgesetzt sein muss. Durch die Richtlinie sollen Unternehmen in Zukunft mit nur einem Zutrittspunkt alle Amtswege erledigen können (*One-Stop-Goverment*). Ein weiterer Punkt ist die Einführung der elektronischen Gesundheitsakte, welche in einigen Bundesländern bereits Anfang 2009 zum Einsatz kommen soll. Mit der Einführung erfolgt eine Investition mit einer flächendeckenden Infrastruktur zur Vernetzung von Ärzten, Krankenhäuser und Versicherer. Ebenfalls im Bereich der Verteidigung ist ein Ausbau der Investitionen, insbesondere durch die Auslandseinsätze der Bundeswehr, erforderlich. Nur die für das Jahr 2009 anstehenden Wahlen können die Entscheidungsprozesse etwas herauszögern.[72]

---

[72] Vgl. Computerwoche (Hrsg.), *http://www.computerwoche.de/subnet/t-systems/1881040/*, 28.12.2008.

5 PPP und IT in der Praxis

5.1 Wettbewerbsvorteile der privaten Partner

Die Einbindung privater Partner im Rahmen des PPP hat die Ursache darin, dass die privaten Partner über erhebliche Wettbewerbsvorteile verfügen.

Ziel im Rahmen des PPP ist die Nutzung dieser Wettbewerbsvorteile des privaten Partners, um so eine effiziente und effektive Leistungserstellung der öffentlichen Hand zu ermöglichen.

Die Wettbewerbsvorteile der privaten Partner entstehen durch die Vorteile in den Bereichen:

- Technologie,
- Wissen,
- Erfahrung und
- Distribution.[73]

5.1.1 Wettbewerbsvorteil im Bereich Technologie

In IT-Unternehmen konzentrieren sich die Kernkompetenzen in unterschiedlicher Ausprägung. Dabei bilden diese Kompetenzen das in die Partnerschaft einzubringende Kapital. Die IT-Unternehmen stellen durch diverse Forschungs- und Entwicklungsmaßnahmen den technologischen Fortschritt innerhalb des Unternehmens sicher. Durch den Wettbewerb zwischen den IT-Unternehmen in der freien Wirtschaft haben diese auch die entsprechende Motivation bzw. die Notwendigkeit, ihre Leistungen immer wieder zu optimieren. Dieser Innovationsschub ist ein großer Vorteil für die öffentliche Hand, da hier i. d. R. Entwicklungs- und Forschungsaktivitäten relativ selten vorkommen (insbesondere in der öffentlichen Verwaltung).[74]

Das Risiko der Entwicklung von neuen Technologien liegt in der Verantwortung des privaten Partners. Die Kosten der Entwicklung können zudem auf mehrere Kunden umgelegt werden. Dies ist ein weiterer wichtiger Vorteil für die öffentliche Hand. Der private Partner wird diese Ent-

---

73 Vgl. Baron, C., Public Private Partnership Konzept für den IT-Markt, 1999, Seite 181 f.

74 Vgl. Baron, C., Public Private Partnership Konzept für den IT-Markt, 1999, Seite 181.

wicklungs- und Forschungskosten selbstverständlich in seiner Kostenplanung berücksichtigen müssen.

Die technologischen Anforderungen der öffentlichen Hand sind i. d. R. recht spezieller Natur. Daher sind Partnerschaften in der Entwicklung meistens auf verwaltungstechnische Anwendungen (*Software*) beschränkt und beziehen sich nur im seltensten Fall auf *hardware*-technische Anwendungen. Dieser hohe Spezialisierungsgrad birgt jedoch für den privaten Partner ein weiteres Risiko, weil er die Forschungs- und Entwicklungskosten nicht auf andere Kunden umlegen kann und somit die Kosten ausschließlich dem zugrunde liegenden Projekt zuweisen kann.

Bei *hardware*-technischen Anlagen ist das gewonnene Forschungsergebnis sehr oft bei anderen Kunden (auch außerhalb der öffentlichen Hand) übertragbar. Dies bringt dem privaten Partner ein weiteres Vermarktungspotential und der öffentlichen Hand einen Technologie-vorsprung zu günstigen Kosten.

5.1.2 Wettbewerbsvorteil im Bereich Wissen

Eine weitere wichtige Kernkompetenz der privaten Partner ist das IT-technologische *Know-How*. Nur durch Synergieeffekte sind die privaten Partner der IT-Branche in der Lage, entsprechendes kostenintensives IT-Fachpersonal einzustellen bzw. zu entwickeln.

Das *Know-How* des privaten Partners kann dabei in zwei Bereiche eingeteilt werden. Einmal in den Bereich bzgl. IT-Fachwissen und zudem in den Bereich aufgabenbezogenes Fachwissen (z. B. Bearbeitung von Sozialhilfeanträgen). Das Fachwissen aus dem Bereich IT wird durch speziell geschultes Personal gewährleistet.

Problematischer ist dabei das *Know-How* im Bereich des aufgabenbezogenen Fachwissens. Hier ist der private Partner auf die Mithilfe der öffentlichen Hand angewiesen. Das Personal des IT-Dienstleisters ist maximal in der Lage, bestimmte Standardprozesse abzubilden. Da jedoch jedes IT-System auch mit individuellen Aspekten des jeweiligen Kunden angereichet ist, ist hier das Spezialwissen der Mitarbeiter der öffentlichen Hand erforderlich.

Der private Partner steht in der Verantwortung, das Wissen seiner Mitarbeiter immer weiter zu entwickeln und auf dem neuesten Stand zu halten. Wie auch bei den technologischen Kernkompetenzen steht der private Partner hier in der direkten Konkurrenz zu seinen Mitbewerbern am freien Markt.

Das *Know-How* des privaten Partners ist zwar in einer bestimmten Form dokumentiert, jedoch nicht einfach vor dem Zugriff der Konkurrenz bzw. auch der Kunden geschützt. Technologische Entwicklungen lassen sich z. B. durch Patente rechtlich relativ leicht schützen. Ein Mitarbeiter kann jedoch im Prinzip jederzeit das Unternehmen wechseln bzw. auch beim Kunden ein Dienstverhältnis eingehen. Für den privaten Partner ist dann der *Know-How* Vorsprung, bezogen auf diesen Mitarbeiter, verloren. Dies ist auch der Fall, obwohl ggf. die Informationen in dokumentierter Form vorliegen.

Daher ist ein Unternehmen immer bestrebt, das *Know-How* seiner Mitarbeiter „auf breite Füße" zu stellen und dieses im Unternehmen auf mehrere Mitarbeiter zu verteilen, was sich in der Praxis jedoch immer als sehr schwierig erweist.

5.1.3 Wettbewerbsvorteil im Bereich Erfahrung

Sehr wichtig für die erfolgreiche Umsetzung von Projekten ist die Erfahrung des privaten Partners. Die Erfahrung bildet eine weitere wichtige Kernkompetenz des IT-Unternehmens ab.

Erfahrungen können in verschiedene Dimensionen eingeteilt werden. Dabei handelt es sich z. B. um kommunikative Erfahrungen, Produkt- oder Projekterfahrungen. Die Summe dieser Erfahrungen bildet das Erfahrungspotential des privaten Partners ab. Das Erfahrungspotential liegt ausschließlich in den Mitarbeitern des privaten Partners vor. Die Erfahrungen bilden somit eine Ressource, welche direkte Auswirkungen auf die Qualität und die Effizienz bei der Umsetzung des PPP-Projektes hat.[75]

Es kann jedoch nicht pauschal gesagt werden, dass eine hohe Erfahrung auch eine Risikominimierung bei der Umsetzung von IT-Projekten darstellt. IT-Projekte sind i. d. R. individuell und können unterschiedlichste Probleme aufwerfen. Die Erfahrungen des privaten Partners helfen sicherlich, das Risiko zu senken. Dies gilt jedoch eher für die allgemeinen Erfahrungen, wie z. B. bei der Anwendung des Projektmanagements.

Bei PPP-Projekten treffen zwei unterschiedliche Kulturen aufeinander. Unter Kultur ist dabei das Normen- und Wertebild der Mitarbeiter in der öffentlichen Verwaltung und auch im privatwirtschaftlichen Unternehmen zu sehen. In dieser Zusammenarbeit ist besonderes Fingerspitzengefühl und vor allem eine große Erfahrung des privaten Partners wichtig.

---

75 Vgl. Baron, C., Public Private Partnership Konzept für den IT-Markt, 1999, Seite 186.

Denn die z. B. langen Entscheidungswege der öffentlichen Verwaltung oder die unterschiedlichen Vorgehensweisen können eine besondere Herausforderung für den privaten Partners bilden.

5.1.4 Wettbewerbsvorteil im Bereich Distribution

Unter „Distribution" wird die Möglichkeit verstanden, Dienstleistungen und/oder Produkte über verschiedene Vertriebskanäle an den Kunden zu bringen. Für ein privatwirtschaftliches Unternehmen ist die Distribution somit ein wichtiger Erfolgsfaktor.

Insbesondere größere Unternehmen können auf gute Distributionsmöglichkeiten bauen, weil ein Vertrieb eines Produktes über verschiedene Kanäle mit erheblichen Kosten verbunden ist. Durch die Vertriebsmöglichkeiten über das Internet sind jedoch auch heute kleine und mittelständische Unternehmen in der Lage, Produkte und Dienstleistungen weltweit anzubieten.

Im Rahmen des PPP-Projektes spielt der Distributionsumfang des privaten Partners für die öffentliche Hand eine eher untergeordnete Rolle. Es können jedoch auch Vorteile für die öffentliche Hand entstehen, wenn die Kompetenz in der Distribution zur Vermarktung der gemeinsam entwickelten Produkte und Dienstleistungen genutzt werden kann.

Der Vorteil einer Vermarktung sind insbesondere die zusätzlichen Einnahmen, welche durch einen Vertrieb des Produktes oder der Dienstleistungen an weitere Nutzer ermöglicht werden. Somit können z. B. die intensiven Entwicklungs- und Herstellungskosten kompensiert werden. Zudem können die ggf. hohen Betriebskosten für Wartung und Betreuung oder für erforderliche Weiterentwicklungen gesenkt bzw. auf mehrere Anwender verteilt werden.

Ein Beispiel für eine solche Entwicklung und anschließende Vermarktung ist die Firma *PROSOZ Herten Softwareentwicklungs- und Beratungsgesellschaft für Gemeinden, Städte und Kreise mbH*. Hier wurde u. a. ein Produkt entwickelt, welches für Bereiche der sozialen Sicherung eingesetzt wird. Bundesweit hat das Unternehmen bereits einen Marktanteil von über 40 % mit einer Anzahl von über 1.500 Kunden.[76]

---

[76] Vgl. PROSOZ Herten (Hrsg.), *http://www.prosoz.de/produktbereiche/soziales.html*, 18.09.2008.

5.2 Vorteile des PPP in der IT für die öffentliche Hand

Durch die Wettbewerbsvorteile der privaten Partner ergeben sich Vorteile für die öffentliche Hand. Diese Vorteile sind Grundlage für den Einsatz des PPP in der IT:

- Zugang zu modernen Technologien
- Zentralisierung und Standardisierung von Prozessen
- Zugang zu Fachwissen
- Verbesserung der Effektivität und/oder Effizienz der Leistungen
- moderne Organisation
- Kostensenkung
- Planungssicherheit und höhere Transparenz der Kosten
- Einsatz moderner Finanzierungsinstrumente
- schnellere Realisierung
- Risikominimierung bei der Umsetzung
- Flexibilisierung[77]

Somit wird deutlich, dass die Kostensenkungen nur einen kleinen Teil der großen Vielzahl von Vorteilen im Rahmen des PPP ausmachen.

5.3 Herausforderung bei der Anwendung des PPP im Bereich IT

Für die öffentliche Hand, aber auch für den privaten Partner, ist ein PPP-Projekt eine besondere Herausforderung. Eine weitere Problematik ist dabei noch die Anwendung des PPP im Bereich IT. Viele Erfahrungen wurden bereits in den Bereichen „Straßenverkehrsinfrastruktur“ und „öffentlicher Hochbau“ gewonnen. Insbesondere durch die *Task Forces* konnten in den letzten Jahren vor allem in den o. g. Bereichen diverse Leitfäden, Musterverträge und Checklisten entwickelt werden. Durch die große Anzahl von Praxisbeispielen ist das Risiko in den letzten Jahren erheblich gesunken.

Diese Leitfäden, Musterverträge und Checklisten sind für den Bereich IT jedoch leider nicht vorhanden. Zudem ist die Anzahl der Projekte sehr gering. Hinzu kommt noch, dass es sich im Rahmen der IT nicht um ein „statisches Objekt“, wie z. B. bei einer Immobilie, handelt. Eine weitere Be-

---

77 Vgl. BITKOM (Hrsg.), Public Sector: IT-Outsourcing / Public Private Partnership, o. J., Seite 11.

sonderheit ist, dass i. d. R. der Leistungsumfang und die Anforderungen bei einem Immobilienobjekt bekannt sein sollten. Bei zum Teil sehr komplexen und historisch gewachsenen IT-Systemen ist das oft nicht der Fall. Vor allem die Schnittstellen zwischen verschiedenen Systemen bilden bei IT-Projekten die größten Schwachstellen.

Das Lebenszykluskonzept soll als Basis für diese Herausforderungen dienen, auch wenn nicht alle Risiken im Rahmen des PPP in der IT eindeutig auf nur eine Phase begrenzt werden können. Viele Risiken in frühen Phasen haben Auswirkungen auf alle weiteren Phasen.

Die Lebenszyklusphasen eines PPP-Projektes sind:

- Planung und Entwicklung
- Errichtung
- Finanzierung und Investment
- Erhaltung und Betrieb
- Verwertung und ggf. Rückgabe

5.3.1 Lebenszyklusphase: Planung und Entwicklung

Eine grundlegende Aufgabe in der ersten Phase des PPP-Projektes ist die Definition der Ziele und Anforderungen. Hier ist dann auch schon eine der größten Herausforderungen im Bereich der IT.

Empfehlenswert bei der Definition der Projektziele ist die bedarfsorientierte Vorgehensweise. Die Verbesserung der Effizienz und Effektivität der bisher erbrachten IT-Leistungen, erweitert um das gewünschte bzw. das mögliche Kostensenkungspotential, steht dabei im Vordergrund. Die Leistungen sollen zuverlässig sein, dem aktuellen Stand der Technik entsprechen und den entstandenen Innovationsstau beseitigen. Zudem soll dies alles zu langfristig kalkulierbaren Preisen ermöglicht werden.[78]

Eine mangelnde Voranalyse der Ziele und Anforderungen führt im späteren Verlauf, wie bei allen IT-Projekten, zu erheblichen Kosten. Insbesondere ältere IT-Systeme können in der Praxis eine hohe Komplexität erreichen. Zudem ist die Dokumentation häufig unzureichend und fehlerhaft. Oft liegt das Wissen über das System nur in den Köpfen der IT-Mitarbeiter. Ggf. ist deren Motivation zur Unterstützung des externen privaten Partners eher gering. Dies liegt insbesondere an einem Abwehr-

---

[78] Vgl. Weber, M./Schäfer, M./Hausmann, L., et al., Praxishandbuch Public Private Partnership, 2006, Seite 711.

verhalten des Menschen auf Veränderung. Dabei spielen vor allem Ängste vor der beruflichen Zukunft eine wichtige Rolle.

Das Ziel eines PPP-Projektes in der IT ist i. d. R. auch verbunden mit der Abgabe von Personal in eine neue IT-Gesellschaft oder zum externen privaten Partner (je nach PPP-Modell). Hier liegt die zweite große Herausforderung im Rahmen eines PPP-Projektes in der IT. Da Tätigkeiten im Bereich der IT mit großem Personalaufwand verbunden sind, muss bereits in der Planungsphase intensiv darüber nachgedacht werden, was mit den entsprechenden Mitarbeitern erfolgt. Denn ohne motiviertes Personal ist ein PPP-Projekt im Bereich der IT nur sehr schwer umzusetzen, weil, wie oben erwähnt, große Teile des Wissens über die Systeme ausschließlich in den Köpfen der Menschen stecken.

Dabei stellt sich unter arbeitsrechtlichen Gesichtspunkten die wichtige Frage, ob es sich um einen Betriebsübergang nach § 613 a BGB[79] handelt. Zudem ist die Mitbestimmung des Betriebsrates bzw. der Personalvertretung zu berücksichtigen.

Durch den Personalverlust erleidet die öffentliche Hand einen erheblichen Wissensverlust. Dabei geht fachspezifisches und IT-technisches *Know-How* verloren. Dieser Verlust gefährdet das Projekt nicht nur in der Vorbereitungsphase, sondern insbesondere in der Betriebsphase. Diese Verluste sind nur durch intensive und auch kostspielige Einarbeitungs- und Schulungsmaßnahmen zu kompensieren. Praxisorientiertes Wissen kann jedoch nicht geschult werden und muss durch die evtl. neuen Mitarbeiter über einen längeren Zeitraum wieder angeeignet werden.

Wichtig ist vor allem, die Mitarbeiter schon beim Start des Projektes abzuholen und die Vorteile der Kooperation mit dem privaten Partner im Rahmen des PPP deutlich zu machen. Diese Kooperation ist für den Mitarbeiter häufig mit finanziellen oder arbeitstechnischen Nachteilen verbunden (z. B. längere Arbeitszeiten). Dem gegenüber steht der Wunsch nach Kostenreduktion in der IT. In diesem Zielkonflikt muss jedoch der Mitarbeiter als Partner des Projektes gewonnen werden, da ohne sein motiviertes Engagement eine erfolgreiche Umsetzung des Projektes gefährdet ist.

---

79 Beim Betriebsübergang nach § 613 a BGB hat der betroffene Mitarbeiter das Recht, diesem zu widersprechen. Daraus ergibt sich für den öffentlichen Auftraggeber nur der Weg über eine ordentliche betriebsbedingte Kündigung oder eine Personalgestellung an den privaten Partner. Dass es sich oft bei Mitarbeitern der öffentlichen Hand um Beamte handelt, macht die gesamte Situation für den Arbeitgeber nicht viel einfacher.

Zusammenfassend kann gesagt werden, dass in der Projektphase „Planung und Entwicklung“ die Definition der Ziele und Anforderungen sowie die Einbindung der Mitarbeiter in das Projekt die größten Risikopotentiale für ein PPP-Projekt in der IT beinhalten. Personalverlust und damit verbundener Wissensverlust sind weitere Risiken des IT-Projektes und können weit reichende Folgen für die Zukunft haben (insbesondere in der Betriebsphase).

5.3.2 Lebenszyklusphase: Errichtung

Bei IT-Systemen handelt es sich nicht nur um sehr komplexe, sondern auch um lebende und somit sich ständig verändernde Systeme. Daher ist es insbesondere bei längeren Projektlaufzeiten nicht selten der Fall, dass sich Anforderungen an das System verändern. Ursachen sind hier u. a. die sich ständig verändernden Umweltbedingungen sowie Änderungen in Gesetzen und Vorschriften.

Hinzu kommt noch der schnelle technische Fortschritt, der u. a. Standardanwendungen (z. B. *Software* zur plattformunabhängigen Datenkommunikation) sowie *hardware*-technische Bestandteile (Bandstationen zur Datensicherung) veralten lässt. Je länger ein IT-Projekt andauert, desto größer ist die Wahrscheinlichkeit, dass es von der technischen Entwicklung überholt wird.

Zu unterscheiden ist in diesem Zusammenhang jedoch die Frage, ob es sich beim PPP-Projekt um eine „einfache“ Übernahme der IT-technischen Anlage handelt oder durch den evtl. vorhandenen Innovations- und Entwicklungsstau um eine Neuentwicklung/Weiterentwicklung der benötigten Anforderungen handelt.

Die *hardware*-technischen Anforderungen sind dabei sicherlich einfacher umzustellen wie die *software*-technischen Anforderungen. Zu beachten ist jedoch, dass Veränderungen an der *Hardware* sehr oft auch Veränderungen an der *Software* nach sich ziehen. So ist z. B. ein Plattformwechsel von einem *Mainframe*-System zu einem *UNIX*-System je nach eingesetzter *Software* nicht ohne weiteres durchführbar.

Eine weitere Herausforderung in dieser Phase des PPP-Projektes kann in einer Überforderung des privaten Partners liegen. Vorverhandlungen für die externe Übernahme von IT-Dienstleistungen werden oft von den *Marketing*-Abteilungen des privaten Partners durchgeführt. Im Rahmen dieser Verhandlungen stehen eher kaufmännische Aspekte im Fokus der Betrachtung.

Auch sind im Bereich der öffentlichen Hand eher die höheren Führungskräfte mit den Beratungen und Definition der Anforderungen betraut. In der grauen Theorie lässt sich in der IT vieles „erreichen". Dennoch ist hier oft die Realität ein großes „Hindernis". Somit ist ein IT-technisches Fachwissen für alle Beteiligten dringend erforderlich.

Bei der Auswahl des privaten Partners ist daher eine besondere Sorgfalt anzusetzen. Nicht immer ist das billigste Angebot zugleich auch das günstigste Angebot. Der Vergleich zu anderen Projekten (s. g. Referenzprojekte/Referenzkunden), insbesondere in der IT, ist nur sehr selten verwendbar.

IT-Projekte sind in ihrer Art und im Umfang sehr individuell. Oft werden diese individuellen Anforderungen vom privaten Partner unterschätzt. Hinzu kommen unter Umständen noch die mangelnde Dokumentation dieser Anforderungen oder Besonderheiten aus der Planungsphase.

Auch ein Angebot oder die Präsentation der s. g. „Standardsoftware" ist mit großer Vorsicht zu genießen. Standardsoftware ist eine Bezeichnung für ein *software*-technisches System, mit welchem standardisierte Prozesse und Abläufe durchgeführt werden können. Die Betonung liegt dabei auf „Standard".

In der Praxis bilden diese Standardfälle oft 70 bis 80 % der täglichen Arbeitsprozesse ab. Je nach Bereich können diese aber auch wesentlich geringer ausfallen (z. B. in der Forschung). Die Problematik liegt bei den restlichen Arbeitsprozessen. Die *software*-technischen Anpassungen der Standardsoftware (das s. g. *Customizing*) für solche Anforderungen sind i. d. R. sehr aufwendig sowie zeit- und kostenintensiv.

Eine Standardisierung von Prozessen und Anforderungen ist selbstverständlich immer sinnvoll. Denn durch Standardisierung können erhebliche Kosten eingespart werden. Zudem besteht die Möglichkeit, diese Prozesse zu einem hohen Grand zu automatisieren. Dadurch kann auch die Fehleranfälligkeit minimiert werden, da manuelle Eingriffe reduziert werden.

Eine hohe Standardisierung wird immer im Fokus des privaten Partners liegen. Die Standardisierung kann jedoch die Flexibilität erheblich einschränken. Dies muss, insbesondere in Bezug auf den Endnutzer (den Bürger), stets im Auge behalten werden.

Neben den *software*-technischen Anforderungen können aber auch die *hardware*-technischen Anforderungen vom privaten Partner unterschätzt werden. Standardisierung und Zentralisierung sind zur Kostenreduktion wichtige Hilfsmittel. Vor allem die Zusammenlegung von Rechnerleistungen in zentrale Rechenzentren ist bei IT-Anbietern sehr beliebt. Oft befinden sich diese externen Rechenzentren im Ausland. Dann kommen ggf. noch sprachliche Hürden hinzu.

Zusammenfassend für diese Projektphase kann gesagt werden, dass die größten Herausforderungen im Bereich der sich ständig verändernden Anforderungen liegen. Eine Überforderung des privaten Partners bei der Umsetzung ist ein Risiko, durch eine gute Auswahl und einer guten und vollständigen Definition der Anforderungen jedoch minimierbar.

5.3.3 Lebenszyklusphase: Finanzierung und Investment

PPP-Projekte sind i. d. R. langfristig orientiert. Dies macht eine Refinanzierung der Kosten relativ einfach. Eine Ausnahme bildet hier das Energiesparmodell, welches in der Praxis eine Laufzeit von 5 bis 10 Jahren hat. In diesem Bereich sind wiederum die Investitionskosten relativ gering.

In der IT kommen jedoch z. T. hohe Investitionskosten mit einer oft kurzen Vertragslaufzeit zusammen (um die 5 bis maximal 10 Jahre). Um jedoch einen entsprechenden Kostenvorteil für die öffentliche Hand zu erreichen, müssen die Anforderungen möglichst genau definiert werden. Die Zentralisierung von IT-Leistungen und die Standardisierung sind ein wichtiges Mittel zur Kostenreduktion.

Sicherlich ist jedoch auch die Stabilität und die Planbarkeit der Kostensituation ein wichtiges Maß für die öffentliche Hand.

Problematisch wird dies jedoch durch die spätere Aufdeckung neuer Anforderungen an das IT-System. Dies kann, durch die späten Realisierungsmöglichkeiten, zu erheblichen Zusatzkosten führen.

5.3.4 Lebenszyklusphase: Erhaltung und Betrieb

IT-Systeme sind lebende Systeme, die sich immer wieder an ihre Umwelt anpassen müssen. Daher kommt es sehr oft vor, dass Veränderungen in den Anforderungen eines IT-Systems erforderlich werden. Je nach Umfeld des Systems können diese sehr umfangreich sein. Auslöser sind z. B. geänderte Rahmenbedingungen (wie Gesetzesänderungen) oder Änderungen im Bedarfsdenken des Kunden bzw. Bürgers.

Eine Änderung von Anforderungen eines IT-Systems kann für den privaten Partner mit erheblichem Entwicklungsaufwand und somit auch mit erheblichen Kosten verbunden sein. Dieser Aufwand muss jedoch refinanziert werden. Sei es einmal durch zusätzliche Zahlungen an den privaten Partner oder indem Kosten in die monatlichen oder jährlichen Abschlagszahlungen einkalkuliert werden.

Unabhängig von der Zahlungsart sind diese Kosten jedoch sehr schwer abschätzbar und fast gar nicht voraussehbar. Daher werden diese in den Verhandlungen gerne als zusätzliche Leistungen durch den privaten Partner verkauft. Dabei kommt die öffentliche Hand jedoch in eine Abhängigkeit zum Auftragnehmer, weil die Leistungen i. d. R. nicht durch andere Anbieter erbracht werden können.

Ein weiterer Punkt ist die technische Entwicklung. Ein wichtiger Grund für das PPP in der IT ist der in den letzten Jahren entstandene Innovationsstau. Die IT-Branche ist bekannt für ihre Dynamik und Schnelllebigkeit. Produkte, Anwendungen und Systeme sind heute noch auf dem aktuellen Stand der Technik. Ggf. sind diese aber morgen schon wieder veraltet.

Ein wichtiges Ziel bei der Einbindung eines privaten Partners ist es, immer auf dem aktuellen technischen Standard zu sein. Dies bedeutet jedoch nicht, dass jeder Modetrend sofort in die Praxis umgesetzt werden muss. Dies wird auch nicht im Interesse des privaten Partners sein, zumal jede technische Neuerung immer wieder mit neuen Kosten verbunden ist. Hinzu kommt das Risiko der Stabilität und ggf. das Risiko, am Ende doch die falsche Technik eingesetzt zu haben.

Viele technische Neuerungen sind jedoch für den sicheren Betrieb dringend erforderlich. Hierzu sind z. B. die sicherheitstechnischen Produkte zu nennen (Anti-Viren-Programme etc.). Zudem erfolgt eine permanente Weiterentwicklung der durch Fremdanbieter eingekauften Produkte (z. B. Datenbanksysteme, Betriebssysteme). Um ein effizientes und effektives IT-System gewährleisten zu können, ist hier der private Partner in der Pflicht, auf dem aktuellsten Stand zu sein. Dies gilt vor allem auch für die Weiterbildung des IT-Personals.

Ein sehr wichtiger Punkt ist das Thema Datenschutz und Datensicherheit. Unter „Datenschutz" wird der Schutz vor unberechtigtem Zugriff auf vertrauliche Informationen verstanden. Unter „Datensicherheit" wird die Vertraulichkeit, Verfügbarkeit und die Integrität von Informationen verstanden.

Vertraulichkeit ist dabei die Sicherstellung, dass der Zugriff auf Informationen nur durch die gewünschten Adressaten erfolgen kann. Verfügbarkeit ist die Sicherstellung, dass die Informationen immer dann erreichbar bzw. zugänglich sind, wenn diese auch benötigt werden. Die Integrität gibt an, dass die gespeicherten Informationen nicht beabsichtigt oder unbeabsichtigt verändert werden können.

In jedem Fall bleibt die öffentliche Hand die Eigentümerin der Daten und muss somit über die ordnungsgemäße Anwendung der Bestimmungen zum Datenschutz und zur Datensicherheit wachen. Dies ist jedoch nur möglich, wenn entsprechender Sachverstand zum Thema vorhanden ist.

Der Datenschutz und die Datensicherheit sind nicht dazu geeignet, diese an einen privaten Partner auszulagern. Vielmehr sollte eine zentrale Steuerungseinheit innerhalb des Auftraggebers für die Überwachung verantwortlich sein. Durch diese Einheit wird dann die Sensibilität der Daten bestimmt und kategorisiert. Empfehlenswert ist die Festlegung der Regelungen und die Kategorisierung der Daten nach Sensibilität zu Beginn des Projektes. Somit hat der private Partner die Gelegenheit, sich auf die Erfordernisse einzustellen.[80]

Die Bereiche Datenschutz und Datensicherheit gehören zu den sensibelsten Themen im Rahmen des PPP in der IT. Somit muss hier besondere Sorgfalt an den Tag gelegt werden; vor allem durch die letzten Skandale[81] zum Thema „Datenklau" und „Datenmissbrauch".

Ein Risiko, insbesondere für den privaten Partner, sind Veränderungen in der politischen Situation. Gesteuert wird die öffentliche Hand durch gewählte Vertreter, welche i. d. R. in festgelegten Abständen neu bestimmt werden. Neue Vertreter bedeuten jedoch auch oft neue Strategien und Zielrichtungen. PPP bedeutet eine langfristig vertragliche Bindung zwischen der öffentlichen Hand und dem privaten Partner.

Daher ist dieses Risiko eher überschaubar, sollte dennoch nicht ganz aus den Augen verloren werden. Zudem besteht die Möglichkeit, innerhalb der vertraglichen Vereinbarungen auch vorzeitige Rücktrittsmöglichkeiten zu vereinbaren. Hierbei wird der private Partner jedoch immer auf einen Ausgleich seiner evtl. finanziellen Verluste bestehen.

Ein weiterer wichtiger Punkt ist das Insolvenzrisiko des privaten Partners. Der Partner ist ein wirtschaftlich orientiertes Unternehmen, welches ggf. auch in weiteren unternehmerischen Aktivitäten engagiert ist. Ziel eines jeden Unternehmens ist es, aus dem zur Verfügung gestellten Kapital der Anteilseigner einen möglichst großen Ertrag zu erwirtschaften.

---

80 Vgl. Weber, M./Schäfer, M./Hausmann, L., et al., Praxishandbuch Public Private Partnership, 2006, Seite 726 f.

81 Vgl. Wirtschaftswoche (Hrsg.), *http://www.wiwo.de/unternehmer-maerkte/operation-goldesel-kontonummern-von-21-millionen-buergern-illegal-im-umlauf-380237/*, 04.01.2009.

Da es sich bei den privaten Partnern meist um Kapitalgesellschaften handelt (GmbH, AG), ist auch das Haftungskapital beschränkt. Bei einer Insolvenz des privaten Partners muss die öffentliche Hand i. d. R. sehr schnell dessen Leistungen wieder übernehmen (Reintegration) oder sie sucht sich einen neuen privaten Partner, der im Rahmen des PPP in das bestehende Geschäft einsteigt. Hierbei können jedoch finanzielle Nachteile gegenüber der öffentlichen Hand entstehen.

Zusammenfassend kann gesagt werden, dass die größte Herausforderung im Rahmen der Projektphase Erhaltung und Betrieb die Themen Datenschutz und Datensicherheit sind. Der sensible Umgang mit Informationen ist insbesondere in der heutigen Zeit sehr wichtig. Hinzu kommt die Möglichkeit, dass sich durch die Dynamik der Umwelt die Anforderungen an das IT-System verändern. Auch das Insolvenzrisiko muss bereits im Vorfeld des PPP-Projektes berücksichtigt werden.

5.3.5 Lebenszyklusphase: Verwertung und ggf. Rückgabe

Die Vertragslaufzeiten im Rahmen des PPP sind i. d. R. langfristig orientiert. Bei Immobilienprojekten kann eine Laufzeit gut 20 bis 30 Jahre betragen. Ausnahmen hiervon bilden hier die Energiesparmodelle, welche eine wesentlich kürzere Laufzeit haben.

IT Projekte im PPP sind hingegen eher kurzfristig (5 bis 10 Jahre) orientiert. Daher muss die Rückgabe des IT-Systems (wenn dieses vereinbart wurde) gut organisiert sein.

Erster Punkt dabei ist das Thema „Personal". Sofern eine Reintegration des Personals vom privaten Partner zur öffentlichen Hand erfolgt, ist dies sicherlich das große Problem. Muss jedoch erst bei der öffentlichen Hand neues Personal aufgebaut werden, so ist dies mit sehr umfangreichen und kostenintensiven Einarbeitungs- und Schulungsmaßnahmen möglich.

Außerdem besteht die Möglichkeit, dass nicht alle Mitarbeiter des privaten Partners in ein Arbeitsverhältnis der öffentlichen Hand übergehen möchten. Hier besteht die gleiche Problematik wie bei der Auslagerung von Personal zu Beginn des Projektes.

Bei Rückgabe des Systems muss zudem ein intensiver Wissenstransfer erfolgen. Die Übergabe einer vollständigen Dokumentation aller Bestandteile und Prozesse des Systems sind dabei eine Grundvoraussetzung. Ggf. muss eine intensive Schulung des Personals erfolgen, um eine reibungslose Übernahme sicherzustellen.

5.4 Werkzeuge zur Unterstützung bei der Vorgehensweise

Durch verschiedene Organisationen (z. B. die *Task Force* PPP auf Bundes- oder Länderebene) oder durch diverse Branchenverbände wurden in der Vergangenheit viele Werkzeuge zur Unterstützung von PPP-Projekten entwickelt.

Hier sind in der Vergangenheit vor allem viele Leitfäden, Handlungsempfehlungen und Checklisten entwickelt worden. Aktuell sind viele unterstützende Werkzeuge für Anwendung des PPP im öffentlichen Hochbau und für die Straßenverkehrinfrastruktur vorhanden.

Für den Bereich der Informationstechnologie sind hier folgende Werkzeuge zu nennen. Das *Service Level Agreement* zur Definition von Anforderungen bzw. Vereinbarungen und das EVB-IT zur Standardisierung von Beschaffungsprozessen der öffentlichen Hand in der Informationstechnologie.

5.4.1 Service Level Agreement

Im Rahmen von PPP-Projekten ist eine detaillierte Definition der Anforderungen durch die öffentliche Hand erforderlich. Hierbei geht es vor allem um eine ergebnisorientierte Leistungsbeschreibung. Dabei werden die definierten Ziele, Anforderungen und Qualitäten mit entsprechenden Messgrößen beschrieben. Dabei muss der öffentliche Auftraggeber nicht jeden einzelnen Verarbeitungsprozess beschreiben, sondern das benötigte bzw. gewünschte Ergebnis liegt im Fokus der Betrachtung. Es geht somit nicht um das „Wie", sondern eher um das „Was". Die möglichst detaillierte und klare Beschreibung der Anforderungen ist die Basis für das *Service Level Agreement* (SLA). Dieser bildet die vertragliche Grundlage zwischen der öffentlichen Hand und dem privaten Partner.[82]

Insbesondere bei IT-Projekten ist die Definition der gewünschten bzw. benötigten Anforderungen eine besondere Herausforderung. Dies liegt an den z. T. sehr komplexen Zusammenhängen in der IT.

Durch die Definitionen der Leistungen werden diese transparent abgegrenzt und sind somit auch kontrollier- und messbar. Sie dienen somit als objektive Bewertungsmaßstäbe für die durch den privaten Partner erbrachten Leistungen. Im SLA werden die Quantität, die Qualität und die

---

82 Vgl. Weber, M./Schäfer, M./Hausmann, L., et al., Praxishandbuch Public Private Partnership, 2006, Seite 26.

Zeitvorgaben der vereinbarten Leistung im Normalfall, wie auch im Störfall, beschrieben.[83]

Somit ist nur durch eine detaillierte Definition der Leistungen eine intensive Zusammenarbeit mit dem privaten Partner möglich.

In der Praxis ist bei der Formulierung des SLA darauf zu achten, dass ausschließlich praxistaugliche Begriffe bei der Beschreibung der Anforderungen gewählt werden. Schwammige oder allgemeine Begriffe (z. B. „ordentlicher Zustand", „ausreichende Antwortzeiten", „gute Verfügbarkeit") sind nicht messbar und daher auch nicht gegenüber dem privaten Partner kontrollierbar.[84]

Die Formulierung der Leistungen bzw. Anforderungen benötigt in der Vorbereitungsphase sehr viel Zeit. Dies ist bei den Planungen des PPP-Projektes zu berücksichtigen. Die Leistungsbeschreibungen sind Vertragbestandteil und daher mit besonderer Sorgfalt zu erstellen.

Der SLA dient als Grundlage für eine ständige Überwachung der Effektivität und der Effizienz der durch den privaten Partner erbrachten Leistungen. Basis für diese Messungen ist die Kundenzufriedenheit. Werden die gewünschten Vorgaben des SLA nicht erreicht, sind entsprechende Optimierungsmaßnahmen durch den privaten Partner durchzuführen. In der Praxis erfolgt die Erstellung des SLA oft gemeinsam mit dem privaten Partner. Dabei wird durch die öffentliche Hand eine erste Version erstellt und anschließend mit dem privaten Partner diskutiert. Später erfolgt dann eine gemeinsame Festlegung des Servicelevels. Die Erstellung des SLA darf jedoch nicht an den privaten Partner übergeben werden.[85]

Der SLA wird unabhängig vom jeweiligen PPP-Modell und in allen Bereichen (z. B. öffentlicher Hochbau, Straßenverkehrinfrastruktur etc.) eingesetzt. Für Projekte im Bereich IT hat er jedoch einen besonderen Stellenwert. Durch die komplexen Prozesse und die dynamische Entwicklung in der IT ist eine exakte Definition der benötigten Leistungen bzw. Ergebnisse für den Erfolg der Zusammenarbeit zwischen der öffentlichen Hand und dem privaten Partner sehr wichtig.

---

83 Vgl. Meyer-Hofmann, B./Riemenschneider, F./Weihrauch, O., et al., Public Private Partnership – Gestaltung von Leistungsbeschreibungen, Finanzierung, Ausschreibung und Verträgen in der Praxis, 2008, Seite 111.

84 Vgl. Leinemann, R./Kirch, T., ÖPP-Projekte konzipieren – ausschreiben – vergeben, 2006, Seite 30.

85 Vgl. Meyer-Hofmann, B./Riemenschneider, F./Weihrauch, O., et al., Public Private Partnership – Gestaltung von Leistungsbeschreibungen, Finanzierung, Ausschreibung und Verträgen in der Praxis, 2008, Seite 114-115.

5.4.2 EVB-IT

Der *Kooperationsausschuss Automatisierte Datenverarbeitung Bund/Länder/Kommunaler Bereich* (KoopA-ADV) hat in Zusammenarbeit mit dem Branchenverband *BITKOM* eine Reihe von Standardverträgen für die Beschaffung von IT Dienstleistungen entwickelt. Diese Rahmenverträge werden als „Ergänzende Vertragsbedingungen für die Beschaffung von IT-Leistungen" (EVB-IT) bezeichnet und dienen als Grundlage zur Beschaffung von IT-Leistungen der öffentlichen Hand.[86]

Mit den Standardverträgen EVB-IT kann die öffentliche Hand beim Einkauf kompletter IT-Systeme auf eigene allgemeine Einkaufsbedingungen zurückgreifen. Der EVB-IT Vertrag unterliegt dem Werkvertragsrecht und setzt erstmals die Gesamtverantwortung der Funktionsfähigkeit eines IT-Systems an den Auftragnehmer. Insbesondere durch die steigenden Investitionskosten in der IT und der teilweise negativen Erfahrungen bei der Projektdurchführung mit der Privatwirtschaft machte die Erstellung eines Mustervertrages dringend erforderlich. Zur Erstellung der Musterverträge waren langjährige Verhandlungen mit der Privatwirtschaft erforderlich. Die Verträge wurden gemeinschaftlich beschlossen und dienen seither als Grundlage für Beschaffungsaktivitäten im IT-Sektor der öffentlichen Hand.[87]

Folgende EVB-IT Vertragstypen werden unterschieden.[88]

- EVB-IT System (Erstellung eines IT-Systems)
- EVB-IT Kauf (Kauf von *Hardware / Software*)
- EVB-IT Dienstleistung (Beschaffung von IT-Dienstleistungen)
- EVB-IT Überlassung TYP A (Unbefristete Überlassung von *Software*)
- EVB-IT Überlassung TYP B(Befristete Überlassung von *Software*)
- EVB-IT Instandhaltung (Instandhaltung von *Hardware*)
- EVB-IT Pflege S (Pflege von *Software*)

---

86 Vgl. KoopA ADV (Hrsg.), *http://www.koopa.de/*, 25.09.2008.

87 Vgl. BMI (Hrsg.), *http://www.kbst.bund.de/cln_012/nn_837398/SharedDocs/Meldungen/2007/Wirtschaftlichkeit-Recht/08__24__EVB-IT_20System vertrag__veroeffentlicht.html*, 25.09.2008.

88 Vgl. BMI (Hrsg.), *http://www.kbst.bund.de/cln_012/nn_838090/Content/Wirtschaft__u__Recht/Vertraege/EVB__IT__Vertragstypen/evb__it__vertragstypen __node.html__nnn=true#doc1166152bodyText1*, 25.09.2008.

Diese allgemeinen Vertragstypen erleichtern die Vorbereitung auf die Vertragsverhandlungen mit einem privaten Partner erheblich. Durch diese Muster hat die öffentliche Hand, aber auch der private Partner, eine vertragliche Grundlage für eine Zusammenarbeit bei der Anforderung von IT-Dienstleistungen.

5.5 Vorgehensweise bei IT-Projekten im Rahen des PPP

Um eine professionelle, effiziente und effektive Vorgehensweise im Rahmen des PPP sicherzustellen, ist die Anwendung von drei grundlegenden Methoden erforderlich. Diese sind:

- *Projektmanagement*,
- *Change Management* und das
- *Risikomanagement*.

5.5.1 Projektmanagement

Maßnahmen im Bereich des PPP bedeuten für die öffentliche Hand i. d. R. große Investitionen und verursachen zudem sehr oft einen erheblichen Planungs- und Herstellungsaufwand. Eigenschaften für die öffentliche Hand als Projektträger sind dabei die Einmaligkeit bzw. Seltenheit des Vorhabens, die Verfolgung einer definierten Zielsetzung, eine zeitliche Begrenzung und ein Bedarf an verschiedenen unterschiedlichen Ressourcen. Daher ist eine Realisierung des entsprechenden Vorhabens außerhalb der traditionellen Organisationsstrukturen sinnvoll.[89]

Nach der allgemeinen Definition ist ein Projekt die Umsetzung einer genau spezifizierten und einmaligen Anforderung, welche in einem befristeten Zeithorizont und mit einem definierten Start- und Endzeitpunkt umgesetzt wird. Definiert werden die benötigten Anforderungen vom Auftraggeber, welche von diesem zum Projektabschluss abgenommen werden. Zur Umsetzung wird eine eigenständige Organisationsstruktur geschaffen. Dieser Struktur werden die verschiedenen Mitarbeiter und die benötigten Ressourcen zugewiesen. Dabei erfolgt eine klare Zuordnung von Aufgaben und Kompetenzen innerhalb des Projektes bzw. der geschaffenen Organisationsstruktur. Die zur Verfügung stehenden Ressour-

---

[89] Vgl. Weber, M./Schäfer, M./Hausmann, L., et al., Praxishandbuch Public Private Partnership, 2006, Seite 509.

cen (z. B. finanzielle Mittel, Personal) stehen im Rahmen des Projektes nur begrenzt zur Verfügung.[90]

Für Projekte innerhalb der Informationstechnologie liegt die größte Problematik in der Definition der Systemanforderungen. Ursache ist hier insbesondere die Komplexität der Anforderungen an das System. Zudem kommen in der öffentlichen Verwaltung oft mangelnde Erfahrungen im Projektmanagement hinzu. Im Rahmen des PPP ist hier insbesondere der private Partner gefragt, professionelle Projektmanagementmethoden einzusetzen. Verantwortlich für die Definition der Anforderungen ist jedoch immer der Auftraggeber und somit die öffentliche Hand.

Die Umsetzung bzw. Organisation von Projekten erfolgt wie oben beschrieben i. d. R. außerhalb der vorhandenen Organisationsstrukturen. Verantwortlich dafür ist das Projektmanagement.

Innerhalb des Projektmanagement werden die für das Projekt relevanten Aufgaben und Verantwortlichkeiten zentralisiert. Der Projektmanager ist somit der Leiter des Projektes und verantwortlich für die Organisation bzgl. Zeit, Kosten und Ressourcen sowie die Anordnung der einzelnen Aktivitäten und die Kontrolle des Projektfortschritts.[91]

Der Projektmanager steht somit sehr oft in Konflikt mit den Verantwortlichen der bestehenden Organisationsstruktur. Vor allem die traditionell hierarchisch orientierten Strukturen in der öffentlichen Verwaltung stehen im ständigen „Kampf um Ressourcen" dem Projektmanager entgegen. Da Systeme in der Informationstechnologie sehr oft bereichübergreifend agieren, ist eine ausgeprägte Kommunikationsstrategie erforderlich.

Die Einbindung einer Projektorganisation innerhalb der öffentlichen Verwaltung ist eine besondere Herausforderung, da Projekte oft als „Fremdkörper" gesehen werden. Diese Problematik ist jedoch nicht nur ein Phänomen der öffentlichen Verwaltung, sondern auch eine Problematik in Unternehmen der Privatwirtschaft. Projekte verursachen aus dem Blickwinkel der Mitarbeiter viel Unruhe und beschäftigen sich nicht mit dem notwendigen „Tagesgeschäft". Im Rahmen des PPP ist die Gründung von Projektgesellschaften üblich. Dennoch müssen insbesondere im Vorfeld des Projektes (z. B. Erstellung des Anforderungskatalogs, Aufnahme des

---

[90] Vgl. Probst, H.-J./Haunerdinger, M., Projektmanagement leicht gemacht, 2007, Seite 12.

[91] Vgl. Jung H., Allgemeine Betriebswirtschaftslehre, 2004, Seite 269.

Ist-Zustandes) auch innerhalb der öffentlichen Verwaltung Maßnahmen ergriffen werden.

In der Praxis haben sich drei klassische Methoden zur Einbindung eines Projektes in die bestehende Organisationsstruktur etabliert. Dabei wird nach der Stabs-, der Reinen- und der Matrix-Projektorganisation unterschieden. In der Stabs-Projektorganisation bleibt die Hierarchie der bestehenden Organisationsstruktur unverändert. Eine geschaffene Stabsstelle ist für die Koordination des Projektes verantwortlich. Für die Umsetzung der Reinen-Projekt-organisation ist ein Eingriff in die Organisationsstruktur erforderlich. Dabei werden die Mitarbeiter aus ihrer originären Tätigkeit innerhalb der Abteilung in die neue Projektorganisation „versetzt". Somit wird der Projektleiter auch direkter Vorgesetzter mit Personalverantwortung gegenüber dem Mitarbeiter. Die Matrix-Projektorganisation ist eine Kombination der Reinen-Projektorganisation und der Stabs-Projektorganisation. Über die bestehende Organisationsstruktur wird die Projektorganisation gelegt. Somit erhält jeder Mitarbeiter „zwei" Vorgesetzte. Für alle Belange, die das Projekt betreffen, ist der Projektleiter der entsprechende Verantwortliche, für das Tagesgeschäft der entsprechende Abteilungsleiter. Hier ist jedoch eine gute Kommunikation zwischen Projektleiter und Abteilungsleiter erforderlich, um evtl. Konflikte in Bezug auf die Mitarbeiterverfügbarkeit zu vermeiden.[92]

Zusammenfassend kann gesagt werden, dass ein professionelles Projektmanagement für die erfolgreiche Umsetzung eines PPP Projektes in der Informationstechnologie unabdingbar ist. Die größte Herausforderung liegt in der Definition der Anforderungen sowie in der Kommunikation mit den beteiligten Bereichen. Verantwortlich dafür ist der Projektmanager als Leiter des Projektes, welcher jedoch die Unterstützung seiner Vorgesetzten bzw. der Bereichverantwortlichen benötigt.

5.5.2 Change Management

Die Veränderung von Strukturen, insbesondere in der Informationstechnologie, kann erhebliche Auswirkung auf die Struktur und den Aufbau der Organisation haben. Unter Organisation wird dabei nach der Aufbauorganisation (Stellen, Kommunikationslinien, Abhängigkeiten) und der Ablauforganisation (Prozesse) unterschieden.

Der Begriff *Change Management* (Veränderungsmanagement) aus der betriebswirtschaftlichen Perspektive umfasst die Aufgaben, Tätigkeiten und

---

92 Vgl. Gassmann, O., Praxiswissen Projektmanagement, 2005, Seite 36-40.

Maßnahmen, welche erforderlich sind, eine Organisation langfristig und zielorientiert zu verändern.

Bezogen auf die Informatik ist das *Change Management* der Prozess zur planvollen und gezielten Umsetzung von Anforderungen in der IT (z. B. Programmeinsatzverfahren). Das Ziel ist dabei eine effiziente und effektive Änderung in der IT-Infrastruktur unter Minimierung der eventuellen Risiken. In der Praxis sind in vielen Unternehmen entsprechende Prozesse im Rahmen des *Change Management* definiert, werden jedoch nicht aktiv angewendet. Dies kann zu einem erheblichen Mehraufwand bei der Umsetzung führen bzw. verursacht unter Umständen erhebliche Risiken (z. B. Systemausfälle).

Beide Bereiche spielen im Rahmen von IT Projekten eine wichtige Rolle. Grundlage für ein Projekt im Rahmen des PPP und damit die Einbindung eines privaten Partners in die IT-Landschaft der öffentlichen Hand ist jedoch erstmal die betriebswirtschaftliche Sichtweise des *Change Management*. Daher befassen sich die folgenden Ausführungen mit der betriebswirtschaftlichen Sichtweise.

Innerhalb des *Change Management* besteht das Ziel, die Planung und Durchführung aller Aktivitäten sicherzustellen, um Mitarbeiter und Führungskräfte auf die neuen zukünftigen Situationen vorzubereiten. Dabei soll eine möglichst optimale Umsetzung der veränderten Anforderungen ermöglicht werden.[93]

Die gewünschten Anforderungen müssen vom Auftraggeber und somit von der öffentlichen Hand definiert werden. Eine Auslagerung dieser wichtigen Aufgabe sollte nicht von dem privaten Partner übernommen werden. Insbesondere innerhalb von IT-relevanten Projekten ist diese Definition mit erheblichem Aufwand und besonderen Fachkenntnissen verbunden. Daher sind hier innerhalb der Projekte entsprechende Zeiträume einzuplanen und das benötigte Fachpersonal freizusetzen. Bereits zu Beginn eines Projektes werden hier wichtige Grundlagen für einen erfolgreichen Abschluss gesetzt.

Der grundlegende Prozess des *Change Management* bezieht sich auf die Veränderung von Organisationsstrukturen. Zur Abgrenzung zur allgemeinen Organisationsentwicklung gibt es jedoch drei wesentliche Merkmale:

---

93 Vgl. Stolzenberg, K./Heberle, K., Change Management Veränderungsprozesse erfolgreich gestalten – Mitarbeiter mobilisieren, 2006, Seite 5.

- Langfristiger / ganzheitlicher Ansatz
- Beteiligung der betroffenen Mitarbeiter
- *Stakeholder*-Ansatz

Somit ist im Rahmen des *Change Managements* die Veränderung in einen übergreifenden, längerfristigen Entwicklungsprozess des Unternehmens eingebettet. Die jeweiligen Ziele der Veränderung werden in Bezug auf Strategie, Struktur, Geschäftsprozess oder finanzielle Ressourcen nicht von außen vorgegeben, sondern in Kooperation mit den betroffenen Mitarbeitern entwickelt. Zudem sind die Veränderungen nicht nur einseitig auf die finanziellen Interessen der Anteilseigner (*Shareholder*), sondern auch auf die Interessen der Mitarbeiter (*Stakeholder*) bezogen.[94]

Die Aktivitäten im Rahmen des PPP-Projektes in Bezug auf die IT sind vielfältig. Einmal kann es sich um eine Neuentwicklung eines IT-Systems jeweils mit oder ohne Ablösung eines oder mehrerer Alt-Systeme handeln. Es kann sich dabei aber auch um die Überarbeitung eines bestehenden IT-Systems handeln (*Reengineering*). Unabhängig davon ist die Einbindung der betroffenen Mitarbeiter besonders wichtig. Die Akzeptanz eines neuen IT-Systems und die Unterstützung im Rahmen des Projektes sind abhängig von den Einstellungen der betroffenen Mitarbeiter. Diese Unterstützung ist wiederum ein wichtiger Bestandteil für den Erfolg eines jeden IT-Projektes.

Die Vorgehensweise im *Change Management* lässt sich in vier Phasen einteilen. Diese wird auch als Zyklus des *Change Management* bezeichnet, da es sich dabei um einen langfristigen, permanenten Kreislauf handelt. Die verschiedenen Zyklen bauen zwar aufeinander auf, sind jedoch nicht als sequentielle Prozesse mit klaren Abgrenzungen zu sehen:

- Entwicklung und Umsetzung einer Vision
- Kommunikation mit den Betroffenen
- Beteiligung der Betroffenen
- Qualifizierung der Betroffenen[95]

Um eine professionelle und erfolgreiche Vorgehensweise im Rahmen des *Change Managements* sicherzustellen, sind die folgenden Grundsätze zu

---

94 Vgl. Doppler, K./Lauterburg, C., Change Management – Den Unternehmenswandel gestalten, 12. aktualisierte und erweiterte Auflage, 2008, Seite 89-90.

95 Vgl. Stolzenberg, K./Heberle, K., Change Management Veränderungsprozesse erfolgreich gestalten – Mitarbeiter mobilisieren, 2006, Seite 6-7.

beachten. Aus diesen Grundsätzen können jedoch nicht nach Belieben einzelne Bausteine übernommen werden. Nur in Kombination aller relevanten Punkte wird hieraus ein effektives Managementkonzept und sichert so den Erfolg des Projektes:

- Zielorientiertes Management
- Keine Maßnahme ohne Diagnose
- Ganzheitliches Denken und Handeln
- Beteiligung der Betroffenen
- Hilfe zur Selbsthilfe
- Prozessorientierte Steuerung
- Sorgfältige Auswahl der Schlüsselpersonen
- Lebendige Kommunikation.[96]

Die professionelle Steuerung und Umsetzung von Veränderungsprozessen ist Aufgabe des *Change Managements*. PPP-Projekte in der Informationstechnologie können erhebliche Auswirkungen auf die Strukturen (Aufbauorganisation) und Prozesse (Ablauforganisation) des öffentlichen Auftraggebers haben.

Aus diesem Grund ist das *Change Management* ein wichtiger Baustein für eine effiziente und effektive Umsetzung von PPP-Projekten in der Informationstechnologie.

5.5.3 Risiko Management

Unter Risiko Management versteht man die systematische Vorgehensweise zur Erfassung und Bewertung von Risiken. Im Fokus steht das Ziel der Risikovermeidung, der Risikominderung und/oder der Risikobegrenzung. Hinzu kommen jedoch auch die Aspekte der Risikoübertragung an Dritte oder die Risikoakzeptanz. In jedem Fall ist jedoch das aktive kontinuierliche Management, also die bewusste Steuerung der Risiken, im Fokus der Betrachtung.

Die Bewertung eines Risikos hängt von der individuellen und subjektiven Betrachtungsweise ab. Insbesondere durch die Kindheit wird die Sinneswahrnehmung und somit die Risikoeinschätzung stark geprägt. Somit ist die Wahrnehmung und Bewertung eines Risikos im Allgemeinen recht

---

[96] Vgl. Doppler, K./Lauterburg, C., Change Management – Den Unternehmenswandel gestalten, 12. aktualisierte und erweiterte Auflage, 2008, Seite 167-169.

verzerrt und hängt stark von der individuellen persönlichen Beurteilung ab. Ein weiterer Bestandteil ist die Eintrittwahrscheinlichkeit eines Risikos. Um ein Risiko als „berechenbar" und zugleich als „steuerbar" darzustellen, wird die rein subjektive Risikobeurteilung mit der mathematisch-statistischen Wahrscheinlichkeitsrechnung verbunden.[97]

Ein Risiko ist eine unerwartete negative Entwicklung oder ein Ereignis, welches vom gewünschten Resultat abweicht. Ein Risiko kann jedoch auch eine versäumte oder eine mangelhafte Nutzung positiver Entwicklungsmöglichkeiten und Chancen sein. Chancen sind in diesem Zusammenhang positive Abweichungen vom gewünschten Resultat.[98]

Risiken lassen sich in verschiedene Kategorien einteilen. Dabei sind einmal die Risiken in „höhere Gewalt" (z. B. Naturkatastrophen), die politischen und/oder ökonomischen Risiken (z. B. Gesetzesänderungen) und die Unternehmensrisiken zu unterteilen. Die Unternehmensrisiken lassen sich in die drei folgenden Bereiche aufteilen:

- Geschäftsrisiken (z. B. fehlerhafte Produktentwicklung)
- Finanzrisiken (z. B. Forderungsausfälle)
- Betriebsrisiken (z. B. Störungen in IT-Systemen)[99]

Im Bereich der Informationstechnologie versteht man als Risiko die Unfähigkeit, die gewünschten bzw. angeforderten IT-Leistungen effektiv und effizient zur Verfügung stellen. Unter IT-Leistungen sind primär der Betrieb und die Entwicklung von Systemlösungen zu verstehen. Ein weiterer Bestandteil der IT-Leistungen sind das Projektmanagement, das Management der IT-Leistungen selbst und die Beratung der entsprechenden Fachbereiche.[100]

Im Rahmen des PPP sind diverse Risiken zu beachten und durch die öffentliche Hand und auch dem privaten Partner aktiv zu managen. Der Risikomanagementprozess lässt sich in vier Prozessbausteine (Risikoidentifikation, Risikobewertung, Risikosteuerung und Risikoüberwachung) einteilen und ist dabei als kontinuierlicher Kreislauf zu versehen.[101]

---

97 Vgl. Keitsch, K., Risikomanagement, 2007, Seite 3-5.

98 Vgl. Wallmüller, E., Risikomanagement für IT- und Softwareprojekte, 2004, Seite 6.

99 Vgl. Keitsch, K., Risikomanagement, 2007, Seite 7.

100 Vgl. Seibold, H., IT-Risikomanagement, 2006, Seite 11.

101 Vgl. Schach, R./Gürtler, V., Stochastische Risikobetrachtung bei PPP-Projekten, 2007, Seite 57.

Zur Unterstützung sollten u. U. externe Spezialisten hinzugezogen werden. Der Blick eines „neutralen und unbeteiligten" Dritten hilft insbesondere bei der Risikoidentifikation und Risikobewertung. Der Status der externen Berater sollte sich jedoch ausschließlich auf die Beratung beschränken. Risikomanagement ist Aufgabe des Auftraggebers und somit der öffentlichen Hand.

Zur Identifikation und somit zur vollständigen und systematischen Ermittlung und Beschreibung der Risiken empfiehlt sich die Aufstellung einer Risikomatrix. Diese Aufteilung in wesentliche globale Risiken und Projektrisiken stellt sich innerhalb der Matrix wie folgt dar:[102]

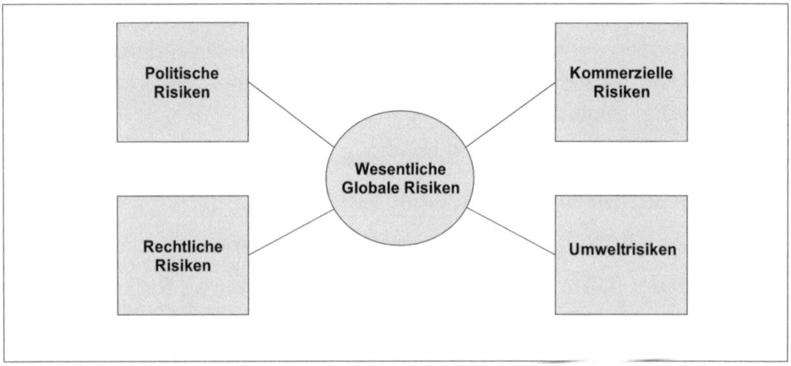

Abbildung 3 - Risikomatrix - Wesentliche Globale Risiken

[102] Vgl. Weber, M./Schäfer, M./Hausmann, L., et al., Praxishandbuch Public Private Partnership, 2006, Seite 41.

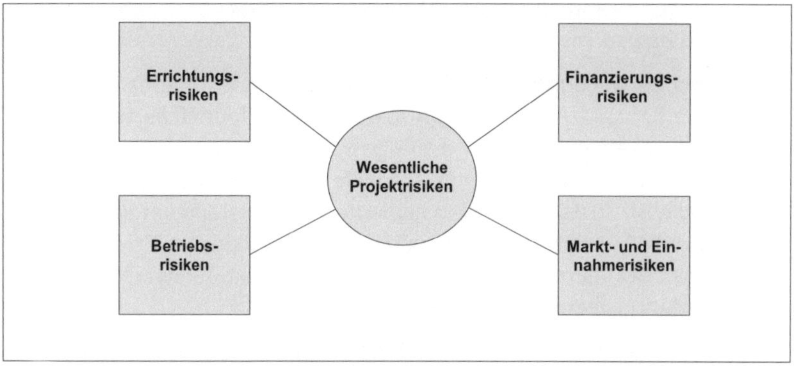

Abbildung 4 - Risikomatrix - Wesentliche Projektrisiken

Von zentraler Bedeutung im Risikomanagementprozess ist die realistische Bewertung der vorhandenen Risiken. Damit wird die Basis für ein effektives Risikomanagement gesetzt und ein optimaler Einsatz der verschiedenen Werkzeuge sichergestellt. Bei der Bewertung der Risiken ist nach der klassifizierenden Bewertung und der exakten Bewertung zu unterscheiden. In der klassifizierenden Bewertung wird das Risiko einer vordefinierten Klasse zugeordnet. Bei der exakten Bewertung wird die Eintrittswahrscheinlichkeit und das Auswirkungsmaß über einen exakten Wert ermittelt.[103]

Innerhalb der Risikosteuerung werden die eigentlichen Ziele des Risikomanagements verfolgt. Wie oben beschrieben handelt es sich bei den Zielen um die Risikovermeidung, Risikominderung, Risikobegrenzung, Risikoübertragung und Risikoakzeptanz.

Die Risikovermeidung ist in der unternehmerischen Tätigkeit eher ein theoretischer Fall. Bereits durch die gewünschten Aktivitäten, wie z. B. die Neuentwicklung eines IT-Systems im Rahmen des PPP, besteht ein Risiko. Eine Vermeidung des Risikos ist nur möglich, wenn das Projekt erst gar nicht durchgeführt wird. Wichtiger bei der Durchführung des Projektes ist die Risikominderung. Erzielt wird eine Risikominderung durch personelle, technische und organisatorische Maßnahmen. Insbesondere im Rahmen des PPP spielt die Risikoübertragung eine besondere Rolle. Je nach Modell ist gerade die Risikoübertragung ein wichtiger Bestandteil der Vereinbarungen mit dem privaten Partner. Dieser wird jedoch für die Übernahme des Risikos ein entsprechendes Entgelt verlangen. Eine Risi-

[103] Vgl. Seibold, H., IT-Risikomanagement, 2006, Seite 87.

koübertragung kann aber auch durch den Abschluss von entsprechenden Versicherungen erfolgen.[104]

Die Risikoüberwachung ist der abschließende Schritt innerhalb des Risikomanagementprozesses. Überprüft wird, ob die identifizierten und bewerteten Risiken eintreten und die gewählten Steuerungsmaßnahmen den gewünschten Erfolg bringen. Mit Hilfe eines Controllingsystems wird der aktuelle Ist-Zustand mit dem geplanten Soll-Zustand verglichen. Dieses Controllingsystem muss ein gut funktionierendes und flexibles Berichtswesen beinhalten. Ein weiterer Punkt der Risikoüberwachung ist die Dokumentation aller Risikomanagementprozesse.[105]

Ein professionelles und gut strukturiertes Risikomanagement ist für PPP-Projekte ein wichtiger Erfolgsfaktor. Insbesondere IT-Projekte haben eine hohe Komplexität und beinhalten damit ein sehr hohes Risikopotential. Durch die mangelnde Erfahrung im Risikomanagement, insbesondere bei IT-Projekten der öffentlichen Verwaltung, ist die Einbindung von externen Partnern sinnvoll. Eine Übertragung des Risikomanagements an den privaten Partner ist wenig sinnvoll. Diese könnten den Interessen einer guten Geschäftsbeziehung zwischen dem privaten Partner und der öffentlichen Hand entgegenstehen. So besteht die Gefahr, dass Risiken erst spät, teilweise auch zu spät, an den Auftraggeber kommuniziert werden.

---

[104] Vgl. Keitsch, K., Risikomanagement, 2007, Seite 184-187.

[105] Vgl. Schach, R./Gürtler, V., Stochastische Risikobetrachtung bei PPP-Projekten, 2007, Seite 61.

6 Durchgeführte Projekte im Bereich der IT in Deutschland

In Deutschland wurden bereits einige PPP-Projekte im Bereich der Informationstechnologie durchgeführt. Im folgenden werden einige Beispiele für durchgeführte Projekte erläutert.

6.1 Projekt 1 – Sächsisches Verwaltungsnetz

Bereits im Jahr 2001 hat der *Freistaat Sachsen* mit dem **InfoHighway Sachsen** den Grundstock für eine moderne Infrastruktur für die Behördenkommunikation gelegt. Mit Hilfe dieser Erfahrungen aus dem Vorgängerprojekt und einem groß angelegten Investitionsprogramm entstand das *Sächsische Verwaltungsnetz* (SVN). Im Rahmen dieses Netzes wurden die bisher getrennten Netze von Land und Kommunen zusammengeführt. In das Projekt sind als private Partner die Firma *T-Systems Enterprise GmbH* und die *Firma BT (Germany) GmbH & Co. oHG* eingebunden.[106]

Mit dem *InfoHighway Sachsen* stand den Behörden der sächsischen Landesverwaltung ein exklusives Kommunikationsnetzwerk zur Verfügung. Das Netzwerk bietet Sprach- und Datenübertragung zwischen den Behörden, aber auch mit den Bürgern, Unternehmen, Organisationen und Verwaltungen. Im Jahr 2004 wurde neben dem bestehenden Netzwerk ein weiteres Netzwerk zur Sprach- und Datenkommunikation für die Kommunen unter der Bezeichnung „Kommunales Datennetz Sachsen" (KDN) geschaffen. Damit war der Freistaat Sachsen eines der ersten Bundesländer, welches seine öffentlichen Verwaltungen flächendeckend mit einer leistungsfähigen und sicheren Infrastruktur zur Datenkommunikation ausstatten konnte. Mit der Zusammenführung beider Netze im SVN wird im Freistaat diese strategische Entwicklung fortgeführt.[107]

Der *Freistaat Sachen* verfolgt in der strategischen Entwicklung des Kommunikationsnetzwerkes vier grundlegende Zielsetzungen. Als erstes sollen die Rahmenbedingungen für ein effizientes Verwaltungshandeln geschaffen werden. Eine moderne Verwaltung ist ohne eine effiziente und effektive Kommunikation nicht möglich und es wird erwartet, dass die modernen Kommunikationsmittel und -methoden aus der Gesellschaft auch in der öffentlichen Verwaltung eingesetzt werden. Als zweites sollen durch die Kooperation mit privaten Partnern die Potentiale für eine mo-

---

[106] Vgl. Sächsisches Staatsministerium des Inneren (Hrsg.), *http://www.smi.sachsen.de/svn/*, 09.01.2009.

[107] Vgl. ebenda, http://www.smi.sachsen.de/svn/306.html, 09.01.2009.

derne Kommunikation nutzbar gemacht werden. Informationstechnologie unterliegt einem sehr dynamischen Wandel und einer starken Entwicklung. Eine Vernetzung bietet auch ein entsprechendes Sicherheitsrisiko. Daher ist das dritte Ziel die Sicherstellung von Datenschutz und Datensicherheit. Die effiziente und effektive Bereitstellung der Leistungen ist unter dem Gesichtspunkt der Wirtschaftlichkeit das vierte Ziel der SVN. Moderne Kommunikationstechnologie soll dabei mit optimalem Ressourceneinsatz beschafft und betrieben werden.[108]

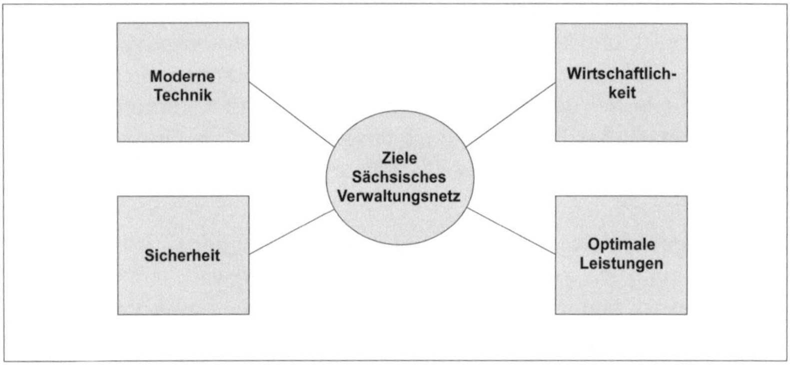

Abbildung 5 - Ziele Sächsisches Verwaltungsnetz

Die Anforderungen an ein modernes Kommunikationsnetzwerk in der öffentlichen Verwaltung sind hoch. Die Leistungsanforderungen aller angeschlossenen Behörden und öffentlichen Einrichtungen müssen dabei berücksichtigt werden. Die Vorteile des SVN können in vier wesentliche Bereiche eingeteilt werden. Dabei spielen die Qualität, Verfügbarkeit, Sicherheit und die Wirtschaftlichkeit eine zentrale Rolle.[109]

Im Vorteilsbereich der Qualität sind in erster Linie die optimalen und bedarfsorientierten technischen Voraussetzungen zu nennen. Einmal wird eine enorme Datenmenge über das Kommunikationsnetz verteilt (Telefonate, E-Mails, Daten). Dies wird besonders über Glasfaser-

[108] Vgl. Sächsisches Staatsministerium des Inneren (Hrsg.), *http://www.smi.sachsen.de/svn/306.html*, 09.01.2009.

[109] Vgl. ebenda, *http://www.smi.sachsen.de/svn/311.html*, 09.01.2009.

Ringleitungen sichergestellt (SVN-*Backbone*[110]). Zudem werden bedarfsgerechte Anschlüsse an das Netz für den jeweiligen Nutzer zur Verfügung gestellt. Diese werden auf die gewünschten Leistungsanforderungen ausgerichtet. Hinzu kommen noch leistungsfähige Übergänge zu öffentlichen Netzen (z. B. Internet). Zudem ist die hohe Dienstqualität des Netzwerkes zu nennen, welche durch eine intensive Überwachung sichergestellt werden.[111]

Der Vorteilsbereich der Sicherheit wurde durch ein umfangreiches Sicherheits- und Datenschutzkonzept umgesetzt. In allen Bereichen der öffentlichen Verwaltung muss IT-Sicherheit und Datenschutz jederzeit gewährleistet sein. Für das SVN wurde ein umfassendes Sicherheitskonzept entwickelt, welches den gesetzlichen Regelungen entspricht und vom *Bundesamt für Sicherheit in der Informationstechnik* (BSI) zertifiziert wurde. Durch vertragliche Vereinbarungen mit dem Betreiber ist gewährleistet, dass das Sicherheitskonzept und auch die entsprechenden Maßnahmen immer auf dem aktuellen Stand gehalten werden. Durch ein mehrstufiges *Firewall*[112]-System erfolgt ein intensiver Zugriffs- und Datenschutz.[113]

Die Verfügbarkeit als dritter Vorteilsbereich umfasst die Ausfallsicherheit des Netzwerkes durch eine gezielte redundante Bereitstellung der technischen Infrastruktur. Diese übernimmt bei einem Ausfall oder einer Störung sofort den entsprechenden Betrieb. Zentrale Anlagen wurden räumlich im *Freistaat Sachsen* verteilt angeordnet, um auch so eine Funktionsfähigkeit im Katastrophenfall sicherzustellen. Durch die Verwendung einer virtuellen Serverarchitektur können bei Störungen oder Bedarfsschwankungen weitere Systeme hinzugeschaltet oder überlastete Systeme durch leistungsfähigere *Hardware* ersetzt werden. Hinzu kommt

---

[110] Ein *Backbone* (engl. für Hauptstrang, Rückrat) ist ein verbindender Kernbereich eines Telekommunikationsnetzes mit sehr hohen Übertragungsraten. Im *Backbone*-Netz bündeln sich alle Bandbreiten der Netzbenutzer. Es kann auch als Hauptschlagader eines Telekommunikationsnetzes bezeichnet werden.

[111] Vgl. Sächsisches Staatsministerium des Inneren (Hrsg.), *http://www.smi.sachsen.de/svn/359.html*, 09.01.2009.

[112] Eine *Firewall* (engl. für Brandmauer) ist eine kontrollierte Verbindung zwischen zwei logischen Netzen. Die *Firewall* überwacht den durch sie laufenden Datenverkehr und entscheidet aufgrund von definierten Regeln, ob die Informationen bzw. Datenpakte passieren dürfen oder nicht.

[113] Vgl. Sächsisches Staatsministerium des Inneren (Hrsg.), *http://www.smi.sachsen.de/svn/358.html*, 09.01.2009.

permanente Überwachung der Systeme durch ein zentrales Störungsmanagement.[114]

Der vierte Vorteilsbereich umfasst die Wirtschaftlichkeit der Leistungen. Auch die Behörden und öffentlichen Einrichtungen im Freistaat Sachsen haben tendenziell immer weniger Ressourcen zur Verfügung, obwohl die Leistungsanforderungen und der Qualitätsanspruch ständig steigt. Das SVN erschließt als zentrales Kommunikationsnetzwerk im Freistaat Sachsen große wirtschaftliche Synergien. Durch ein zentrales Vertragsmanagement über die SVN-Leitstelle sinken auch die Kosten für die Koordination und Organisation. Durch ein flexibles Vertragswerk kann dieses an die sich schnell ändernden Rahmenbedingungen angepasst und optimiert werden. Durch ein standardisiertes Verfahren (*Change-Request*-Verfahren) können Änderungen in den Anforderungen auch während der Vertragslaufzeit durchgeführt werden, ohne dass das gesamte Vertragswerk infrage gestellt werden muss.[115]

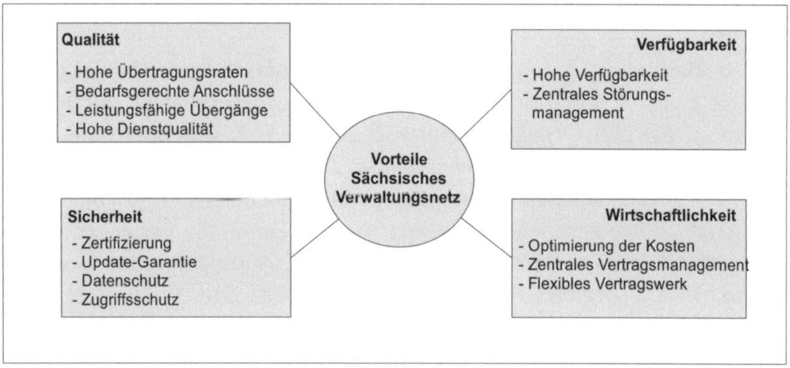

Abbildung 6 - Vorteile des SVN

Das Migrationsprojekt zum SVN wird durch den Freistaat Sachsen in einer mehrstufigen Projektorganisation umgesetzt. Der Projektlenkungsausschuss dient dabei als Entscheidungsebene für Fragen von strategischer Bedeutung. Er wird regelmäßig über den Projektstatus informiert und setzt sich aus der Runde der Abteilungsleiter der Sächsischen Staatskanzlei und der Staatsministerien zusammen. Die Koordinationsebene hat der

---

[114] Vgl. Sächsisches Staatsministerium des Inneren (Hrsg.), *http://www.smi.sachsen.de/svn/357.html*, 09.01.2009.

[115] Vgl. ebenda, *http://www.smi.sachsen.de/svn/356.html*, 09.01.2009.

Arbeitskreis SVN inne. Hier erfolg die praktische Koordinierung des Projektes. Der Arbeitskreis setzt sich aus Fachleuten aller Ressorts der Staatsregierung und der SVN-Leitstelle zusammen und entscheidet über operative Belange des Projektes. Die fachliche Projektleitung obliegt der SVN-Leitstelle im *Sächsischen Staatsministerium des Inneren*. Sie dient zudem als zentraler Ansprechpartner für die Verwaltungen. Zudem wurde das komplexe Migrationsprojekt in drei Projektgruppen (Infrastruktur und zentrale Dienste, Schnittstellen Sprachübergang und Mobilkommunikation) unterteilt.[116]

6.2 Projekt 2 – IT-Technologie der Stadt Wiesbaden

Im Jahr 2004 wurde durch die *hessische Landeshauptstadt Wiesbaden* und der Firma *Siemens IT Solutions and Services GmbH* die Firma *WIVERTIS GmbH* zur Betreuung der Technologie im Informations- und Telekommunikationsbereich der Stadt gegründet. Aktuell betreut das Unternehmen im Raum Wiesbaden mehr als 5.000 Anwender.[117]

Das Leistungsprofil der *WIVERTIS GmbH* erstreckt sich dabei über die Bereiche Service-Hotline, Endgeräte (PC, Drucker, PDA), Telekommunikation, Rechenzentrum, Netzwerkbetreuung, IT-Sicherheit sowie Beratung für Verfahren und Anwendungen.[118] Mit diesem Leistungsportfolio deckt die *WIVERTIS GmbH* alle benötigten Dienstleistungen rund um die Informationstechnologie bzw. Kommunikationsbereich der *Stadt Wiesbaden* ab.

Die Zielsetzungen der Partnerschaft liegen insbesondere in der professionellen Serviceleistung im Bereich der Informations- und Kommunikationstechnologie. Zudem sollen wettbewerbsfähige Leistungsangebote für die *Stadt Wiesbaden* bereitgestellt werden. Die Kostenoptimierung und die Transparenz und Messbarkeit von IT- und Telekommunikationsleistungen sind weitere wichtige Ziele des Unternehmens.[119]

---

[116] Vgl. Sächsisches Staatsministerium des Inneren (Hrsg.), *http://www.smi.sachsen.de/svn/360.html*, 09.01.2009.

[117] Vgl. WIVERTIS GmbH (Hrsg.), *http://www.wivertis.net/*, 10.01.2009.

[118] Vgl. ebenda, *http://www.wivertis.net/index.php?id=5*, 10.01.2009.

[119] Vgl. ebenda, *http://www.wivertis.net/index.php?id=10*, 10.01.2009.

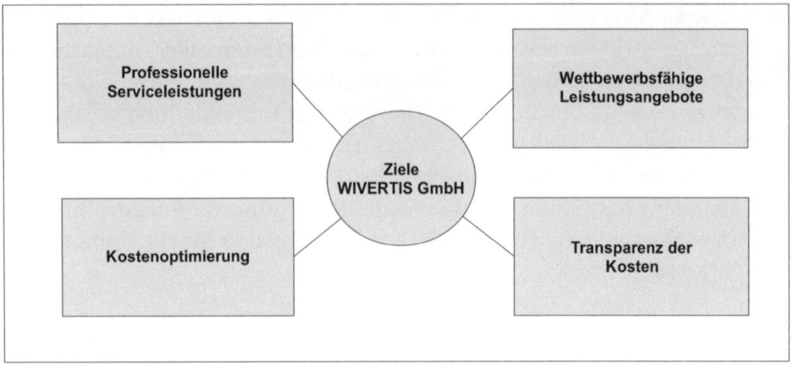

Abbildung 7 - Vorteile WIVERTIS GmbH Wiesbaden

Die Vorteile des PPP-Projektes für die *Stadt Wiesbaden* liegen in finanzieller Hinsicht auf der wirtschaftlichen Bereitstellung einer Informations- und Kommunikationsinfrastruktur bei gleichzeitig verbesserter Qualität und erhöhter Verfügbarkeit. Sowie einer haushaltstechnische Planungssicherheit und Kontinuität sowie die Kostentransparenz durch fest definitere Servicevereinbarungen bzw. *Service Level Agreements* (SLA). Im technischen Umfeld erfolgte eine Verbesserung der Datensicherheit und des Datenschutzes. Zudem erfolgte eine Modernisierung und Harmonisierung der technischen Infrastruktur und des Abbaus des Innovationsstaus. Auch eine kontinuierliche Qualifizierung der städtischen Mitarbeiter führt zu einer verbesserten Qualität der Dienstleistungen. Durch Implementierung des **eGoverment**[120] erfolgte eine verbesserte Serviceleistung gegenüber dem Bürger.[121]

[120] Unter *eGoverment* (engl. für Verwalten mit Unterstützung von Informations- und Kommunikationstechniken) wird die Vereinfachung und Durchführung von Prozessen der öffentlichen Hand mit Hilfe von Informations- und Kommunikationstechniken verstanden.

[121] Vgl. WIVERTIS (Hrsg.), *http://www.wivertis.net/index.php?id=24*, 10.01.2009.

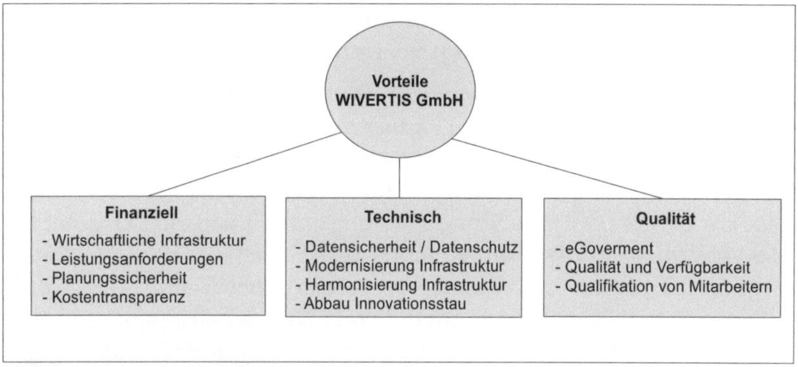

Abbildung 8 - Vorteile VIWERTIS GmbH

Aufgrund der hohen Komplexität des PPP-Projektes sind auch die vertraglichen Vereinbarungen entsprechend umfangreich. Grundlagen (Ziele, Gründung, Satzung, Finanzierung, Dauer) sind im Konsortialvertrag geregelt. Befugnisse und Aufwandsentschädigungen sind im Dienstleistungsüberlassungsvertrag geregelt worden. Im Gestellungsvertrag sind die Rechtsverhältnisse und Kostenerstattungen hinterlegt. Hinzu kommt jedoch noch der Personalüberlassungsvertrag, Regelungen zur Qualifizierung und Gleichstellung, der Vertrag über den Bezug von IT-Dienstleistungen, diverse Leistungsscheine und ein Service- und Organisationshandbuch.[122]

Die Firma *WIVERTIS GmbH* und damit das PPP-Projekt der *hessischen Landeshauptstadt Wiesbaden* standen im Jahr 2005 unter einer sehr starken Kritik. Die Kostensenkungspotentiale wurden stark angezweifelt. Zudem sollten Angebote der Firma *WIVERTIS GmbH* weit über den aktuellen Marktpreisen liegen. Kommunale Vertreter wollten dies durch einen Angebotsvergleich für die Anschaffung eines Computers belegen wollen. Durch die Vertragsbindung der *Stadt Wiesbaden* an die Firma *WIVERTIS GmbH* in Bezug auf die Anschaffung von IT-Technologie sahen die Vertreter erhebliche Nachteile für die öffentliche Hand.[123]

Bei der Angebotszusammenstellung wurde jedoch die Tatsache vernachlässigt, dass die Endpreise der Firma *WIVERTIS GmbH* nicht nur die reinen

[122] Vgl. BITKOM (Hrsg.), Public Sector: IT-Outsourcing / Public Private Partnership, o. J., Seite 61.

[123] Vgl. Wiesbadener Kurier (Hrsg.), *http://www.wiesbadener-kurier.de/region/objekt.php3?artikel_id=1957437*, 10.01.2009.

Gerätepreise, sondern auch noch Kosten für entsprechende Dienstleistungen (Wartung und Betreuung) beinhalten.[124]

Ein weiterer großer Kritikpunkt war die Beschaffungspolitik der Firma *WIVERTIS GmbH*. Dem privaten Partner *Siemens IT Solutions and Services GmbH* wurde vorgeworfen, die Produkte des Mutterkonzerns *Siemens AG* bei der Beschaffung zu bevorzugen. So würden für eine neue Telefonanlage die Geräte der Firma *Siemens AG* angeschafft und die Computer für die Verwaltung wurden von der Firma *Fujitsu-Siemens Computers GmbH* angeschafft. Diese Vorwürfe wurden jedoch schnell unter dem Motto „Kommunalwahlkampf" verbucht, da durch Vertragsabstimmungen zwischen dem privaten Partner und der öffentlichen Hand die ordnungsgemäßen Ausschreibungsmodalitäten genau festgelegt wurden.[125]

Im Jahr 2005 wurde das PPP-Projekt mit dem „Innovationspreis PPP" ausgezeichnet. Die Auszeichnung wird durch den *Bundesverband Public Private Partnership e. V.* und dem Brachenmagazin *Behörden Spiegel* verliehen. Ausschlaggebend für die Preisverleihung waren insbesondere die inhaltliche Qualität, die Nachhaltigkeit und die Übertragbarkeit des Projektes.[126]

6.3 Projekt 3 – Schulnetz UNIT 21 der Stadt Unna

Im Rahmen eines PPP-Projektes hat die Stadt Unna gemeinsam mit der Firma *Fujitsu-Siemens Computers GmbH*, der Firma *Siemens AG* und den *Wirtschaftsbetrieben der Stadt Unna GmbH* ein Netzwerk mit moderner Kommunikationstechnik für die Schulen in Unna geschaffen. Mit Hilfe dieses Netzwerkes können die 10.000 Schüler in 21 Unnaer Schulen auf hochmoderne Technik zugreifen. Eingesetzt wird diese Technik zu Lernzwecken im Schulunterricht.[127]

Um die Schulen in Unna in einem Netzwerk zusammen zu schließen, wurde ein Rechenzentrum als Logistikzentrum etabliert. Das Rechenzentrum wird durch die Firma *Siemens IT Soulutions and Services GmbH* (bis Januar 2007 unter dem Namen *Siemens Business Service GmbH*) bereitge-

---

[124] Vgl. BITKOM (Hrsg.), Public Sector: IT-Outsourcing / Public Private Partnership, o. J., Seite 61.

[125] Vgl. Wiesbadener Kurier (Hrsg.), *http://www.wiesbadener-kurier.de/region/objekt.php3?artikel_id=2163641*, 10.01.2009.

[126] Vgl. Effizienter Staat (Hrsg.), *http://www.effizienterstaat.eu/effstaat_Internet/nav/0a3/0a3705ff-07e5-4711-c5ec-3f18a438ad1b.htm*, 10.01.2009.

[127] Vgl. Stadt Unna (Hrsg.), *http://www.unit21.de/main_das_projekt.php?site2display=ausgabe&bereich=4& textkopfID=2*, 11.01.2009.

stellt. Dieses Rechenzentrum bildet die Kerneinheit des Netzwerkes. Alle Daten und Programme werden auf dem Zentralserver im Rechenzentrum bereitgestellt. Zudem besteht über das Rechenzentrum noch ein Zugang zum Internet. Die *software*-technische Wartung der Endgeräte erfolg ebenfalls über den zentralen Server. Innerhalb der Schulen erfolgt die Verbindung der mobilen Computer (*Laptops*) über kabellose Netze (*Wireless LAN*). Neben den Klassenräumen bzw. Schulgelände können die Computer durch die Schüler auch von zuhause aus genutzt werden. Die Datensicherheit wird dabei durch die VPN-Technologie[128] (*Virtual Private Network*) sichergestellt. Durch die kabellose Netztechnologie besteht ein hohes Maß an Flexibilität. Auch müssen keine aufwendigen Kabelverbindungen innerhalb der Klassenräume verlegt werden.[129]

Die Ziele der Kooperation ist die effiziente und effektive Bereitstellung eines Bildungsportals für die Schulen in Unna. Es sollen mit Hilfe des Projektes die alten heterogenen EDV-Strukturen der Schulen zu einem einheitlichen Netz zusammengefasst und über ein zentrales Rechenzentrum gesteuert werden. Das Netzwerk muss höchste Qualitäts- und Sicherheitsstandards sicherstellen. Zudem soll ein nach dem Kinder- und Jugendschutz abgesicherter Internetzugang bereitgestellt werden. Die intensiven Investitionen der *Stadt Unna* sollen geschützt und eine langfristige Nutzung auf hohem Niveau gewährleistet werden. Zudem soll kein Administrationsaufwand für die Pädagogen anfallen. Die Lehrkräfte sollen sich auf die Bildungsarbeit konzentrieren können. Das System soll einen schulischen und privaten Betrieb und somit eine flexible Handhabung ermöglichen.[130]

---

128 Mit Hilfe von VPN (Virtual Private Network) wird ein Endgerät (Computer) mit Hilfe einer i. d. R. verschlüsselten Kommunikationsverbindung an einem zentralen Server angebunden. Dies ermöglicht eine sichere Datenkommunikation zwischen Endgerät und zentralem Server.

129 Vgl. Stadt Unna (Hrsg.), *http://www.unit21.de/main_das_projekt.php?site2display =ausgabe&bereich=4& textkopfID=4*, 11.01.2009.

130 Vgl. BITKOM (Hrsg.), Public Sector: IT-Outsourcing / Public Private Partnership, o. J., Seite 64.

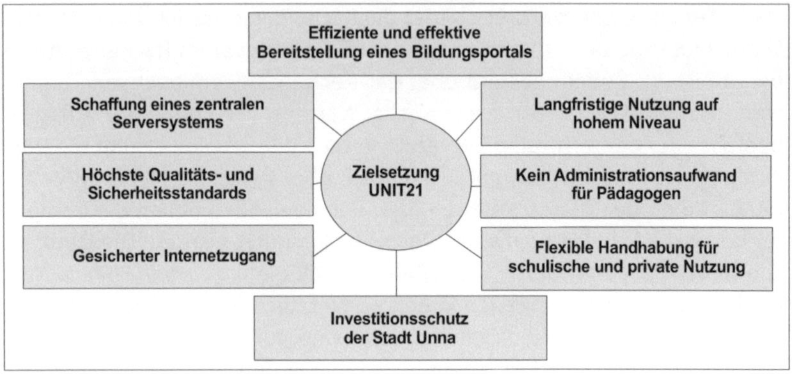

Abbildung 9 - Zielsetzung UNIT21 Unna

Der Vorteil des PPP-Projektes UNIT21 der *Stadt Unna* kann in drei Nutzerbereiche aufgeteilt werden. Die *Stadt Unna* als Betreiber, die Pädagogen in den Lehranstalten und die Schülerinnen und Schüler.

Die *Stadt Unna* profitiert von dem Projekt vor allem in wirtschaftlicher Hinsicht. Der Aufbau eines zentralen Netzwerkes bzw. die Ablösung der diversen Insel-Systeme in den 21 Unnaer Schulen führt zu einer erheblichen Senkung der Betriebskosten. Dennoch ist die Qualität der angebotenen Leistungen im erheblichen Umfang gestiegen. Der Administrationsaufwand und damit auch der technische Personalaufwand wurde durch die Zentralisation der IT-Dienstleistungen gesenkt. Die Pädagogen in den Lehranstalten können sich stärker auf die Bildungsarbeit konzentrieren, da der technische Betreuungsaufwand entfällt. Zudem können die technischen Möglichkeiten in den Unterricht sinnvoll integriert und dieser damit bereichert werden. Die Schüler profitieren im erheblichen Maße durch die Bereitstellung eines professionellen Bildungsportals von der Grundschule bis zum Abitur.[131]

[131] Vgl. Fujitsu Siemens Computers GmbH (Hrsg.), Case Study UNIT21, 2005, Seite 2.

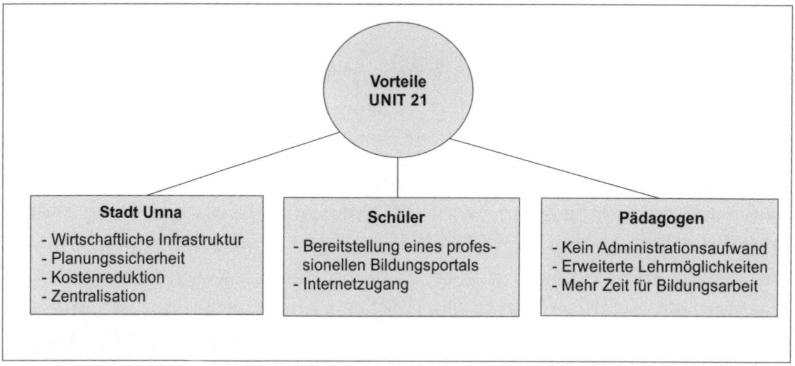

Abbildung 10 - Vorteile UNIT 21 Unna

Die Stiftung *Partner für Schule für NRW* sieht das Projekt UNIT21 als vorbildlichen Weg für das mobile Lernen in der Region. Aus diesem Grund wirbt die Stiftung der Landesregierung und der Wirtschaft mit dem Projekt UNIT21, um damit in anderen Städten ähnliche Entwicklungen voranzutreiben.

7 Entwicklung des PPP im Bereich IT

Die Entwicklung des PPP steht in Deutschland trotz der guten Fortschritte in den letzten Jahren immer noch weit am Anfang. Dennoch konnten viele Fortschritte in verschiedensten Bereichen des PPP gemacht werden.

Durch das besondere Engagement des *Task Forces* in den Bundesländern und auch auf Bundesebene wird PPP immer mehr als wichtiges Instrument zur Finanzierung von öffentlichen Investitionen angesehen. Neben der Finanzierung ist jedoch auch Nutzung des *Know-Hows* des privaten Partners ein wichtiger Vorteil des PPP. Das Engagement der öffentlichen Hand ist von Branche zu Branche jedoch sehr unterschiedlich. Aktuell liegt der Fokus eher auf dem Bereich der Straßenverkehrinfrastruktur und dem öffentlichen Hochbau. Aktuell liegen jedoch auch noch weitere Branchen, wie die Informationstechnologie, im Fokus der Betrachtung.[132]

Nicht nur auf Seiten der öffentlichen Hand, sondern auch auf Seiten der Privatwirtschaft gibt es Bestrebungen zur Förderung des PPP in Deutschland. Für den Bereich der Informationstechnologie ist hier der *Bundesverband Public Private Partnership e. V.* (BPPP) und dessen Arbeitskreis für Informationstechnologie sowie der *Bundesverband Informationswirtschaft Telekommunikation und neue Medien e. V.* (BITKOM) zu nennen.

Hinzu kommt noch das Engagement diverser Dienstleistungsunternehmen, welche jedoch eher ihre eigenen privatwirtschaftlichen Interessen vertreten.

7.1 Arbeitskreis IT im Bundesverband Public Private Partnership

Im November 2003 wurde in Hamburg der *Bundesverband Public Private Partnership e. V.* (BPPP) gegründet. Der Verband hat das Ziel, insbesondere vor dem Hintergrund des wachsenden PPP Marktes in Deutschland, als privat-öffentliche Diskussions- und Gestaltungsplattform zu dienen. Dabei möchte der Verband nicht in Konkurrenz zu den PPP- Kompetenzzentren der Länder oder des Bundes oder zu den diversen Branchenverbänden stehen.[133]

Am 22. Mai 2008 wurde durch den BPPP der Arbeitskreis IT ins Leben gerufen. Angesprochen sind dabei Experten der öffentlichen Hand und des

---

[132] Vgl. Rosenkranz, M., Beschreibung der Entwicklung des Public Private Partnership am Beispiel des Bundeslandes NRW, Seite 40-41.

[133] Vgl. BPPP (Hrsg.), *http://www.bppp.de/bppp.php/cat/2/aid/5/title/Der_Verband*, 15.12.2008.

privaten Sektors, mit Verantwortung innerhalb von IT-Projekten in Bezug auf PPP. Zielsetzung des Arbeitskreises ist die Entwicklung tragfähiger Projektstrukturen, um das Potential des PPP im Bereich auf IT zu optimieren.[134]

Der Arbeitskreis IT im BPPP hat insbesondere die Problematik innerhalb der Vergabeverfahren im Fokus. Einmal müssen diese den rechtlichen Rahmenbedingungen entsprechen, zudem müssen die Verfahren in überschaubarer Zeit effizient durchgeführt werden. Sonst könnte die angestrebte Lösung mit Vergabe bereits veraltet sein. Eine weitere Problematik ist die Definition der Anforderungen und die vollständige Beschreibung der Vertragsinhalte. Dabei ist vor allem die wirtschaftliche und effiziente Projektumsetzung, aber auch die Weiterentwicklung des Produktes zu beachten.[135]

7.2 Arbeitskreis der BITKOM

Der *Bundesverband Informationswirtschaft Telekommunikation und neue Medien e. V.* (BITKOM) befasst sich innerhalb verschiedener Projektgruppen, Arbeitskreise und Fachausschüsse mit dem Thema PPP. Zur Bündelung der Aktivitäten wurde der Lenkungsausschuss *Public Sector* eingerichtet.[136]

Durch das Forum *Public Sector,* welches vom gleichnamigen Lenkungsausschuss koordiniert wird, werden u. a. folgende Themen bezogen auf PPP verfolgt:

- Einführung der elektronischen Gesundheitskarte
- Elektronische Patientenakte
- Elektronischer Arztbrief

Zielsetzungen des Forums sind einmal der jährliche Gesamtüberblick über die Branche sowie diverse Workshops zum Thema Public Private Partnership. Ein weiterer Bestandteil ist die politische Lobbyarbeit zum Ver-

---

134 Vgl. BPPP (Hrsg.), *http://www.bppp.de/bppp.php/cat/4/aid/85/title/Gruendung_eines _neuen_Arbeitskreises_ IT*, 15.12.2008.

135 Vgl. ebenda, *http://www.bppp.de/bppp.php/cat/47/title/IT*, 15.12.2008.

136 Vgl. BITKOM (Hrsg.), *http://www.bitkom.org/de/themen_gremien/37774.aspx*, 17.12.2008.

hältnis von Eigenrealisierungen der öffentlichen Hand und privatwirtschaftlichen Lösungen.[137]

Hinzu kommen noch Veröffentlichungen zum Thema, wie z. B. der Erfahrungsbericht mit Risikopartnerschaften bei der IT-gestützten Modernisierung der öffentlichen Verwaltung unter dem Titel **Public Sector: IT-Outsourcing / Public Private Partnership**. Zielsetzung des Leitfadens ist es, das Thema PPP aus dem Blickwinkel des privaten Partners bzw. der Privatwirtschaft zu sehen. Dabei geht es insbesondere um den Transfer von abstrakten Modellbeschreibungen bis hin zu konkreten Projektbeispielen. Er soll als Entscheidungs- und Argumentationshilfe bei der Formulierung von Anträgen oder zur Vorstellung von Projekten gegenüber der öffentlichen Hand dienen.[138]

---

137 Vgl. BITKOM (Hrsg.), *http://www.bitkom.org/de/themen_gremien/28827.aspx*, 17.12.2008.

138 Vgl. BITKOM (Hrsg.), Public Sector: IT-Outsourcing / Public Private Partnership, o. J., Seite 8.

8 Schlussbetrachtung

Der Investitionsbedarf der Kommunen, der Länder und auch des Bundes ist sehr hoch. Die Sparzwänge in den letzten Jahren haben zu einem großen Investitionsstau geführt. **Public Private Partnership** kann hier als Chance für eine neue Entwicklung gesehen werden.

Viele Projekte im Bereich des öffentlichen Hochbaus und auch der Straßenverkehrsinfrastruktur wurden in den letzten Jahren durchgeführt. Durch diese Erfahrungen konnten grundlegende Vorgehensweisen und auch Strategien entwickelt werden.

Die Entwicklung im Bereich der Informationstechnologie ist geprägt durch eine hohe Geschwindigkeit. Vor allem der öffentliche Sektor hat bzgl. der Entwicklung einen erheblichen Nachholbedarf. Dies führt nicht nur zu erhöhten Kosten, sondern auch zu schlechten Dienstleistungen gegenüber dem Bürger.

Die Verantwortlichen haben hier schon reagiert und suchen nach neuen Wegen aus dem Investitionsstau in der Informationstechnologie. Die Einbindung privater Partner kann hier der richtige Weg sein. Nur so kann die öffentliche Hand effizient und effektiv auf neue Technologien und professionelles *Know-How* zurückgreifen.

Dennoch ist insbesondere in der Informationstechnologie die Anwendung des PPP professionell vorzubereiten und umzusetzen. Eine besondere Herausforderung in der Informationstechnologie liegt in der Komplexität der Systeme. Die öffentliche Verwaltung ist geprägt von einer heterogenen Systemlandschaft, welche über die Jahre gewachsen ist.

Erster Punkt ist die Definition der Anforderungen und die Erstellung der Leistungsbeschreibungen. Diese bildet die Grundlage für eine erfolgreiche Umsetzung des PPP-Projektes. Dem Personal in der öffentlichen Verwaltung fehlt es oft am *Know-How* bzgl. der Erstellung von Anforderungsdefinitionen und am Überblick über die Gesamtlandschaft[139]. Daher ist hier insbesondere die Unterstützung des privaten Partners erforderlich. Dennoch darf die Leistungsbeschreibung nicht an den privaten Partner „delegiert" werden. Hier besteht sonst die große Gefahr, dass am Be-

---

[139] Mit „Überblick über die Gesamtlandschaft" ist der Blickwinkel über die eigene Behörde bzw. Organisationseinheit hinaus gemeint. Für eine optimale System- und Prozessarchitektur muss die gesamte Dienstleistungskette vom Kunden / Unternehmen bis in die Behördenbereiche betrachtet werden. Dabei müssen auch die Prozess- und Kommunikationswege der Behörden untereinander betrachtet werden.

darf vorbei entwickelt wird oder nachträglich erhebliche Korrekturen erforderlich werden.

Der zweite Punkt ist die Aufsetzung eines professionellen Projektmanagements. Die strukturierte und geplante Vorgehensweise ist insbesondere bei Projekten im Bereich der Informationstechnologie von besonderer Bedeutung. Der planvolle effiziente und effektive Einsatz von Ressourcen liegt im Fokus der Betrachtung. Insbesondere der Einsatz von Personal ist hier von Belang, sind die Mitarbeiter des öffentlichen Dienstes doch sehr stark in die Tagesgeschäfte eingebunden und sollen nun „nebenher" ein Projekt unterstützen. Die Problematik macht sich insbesondere bei der Leistungsbeschreibung bemerkbar.

Bereits zu Beginn des Projektes sind die Mitarbeiter intensiv in das Geschehen einzubinden. Vor allem Änderungen in der Informationsverarbeitung haben große Auswirkungen auf die tägliche Arbeit der Mitarbeiter. Auch die Einbindung eines privaten Partners führt oft zu Ängsten innerhalb der bestehenden Strukturen. Eine intensive Kommunikation mit den Betroffenen kann hier Konflikten vorbeugen. Ein wichtiges Mittel zur strategischen Steuerung von Veränderungsprozessen ist das *Change Management* (Veränderungsmanagement), welches ein weiterer wichtiger Baustein bei der erfolgreichen Umsetzung eines PPP-Projektes in der Informationstechnologie ist.

Als letzter Baustein ist das Risiko Management zu sehen. Systeme in der Informationstechnologie sind komplex und haben erhebliche Auswirkungen auf das Gesamtgefüge der öffentlichen Verwaltung. Die negativen Auswirkungen können ein beträchtliches Ausmaß annehmen. Daher ist die strategische Steuerung und Überwachung von Risiken in PPP-Projekten in der Informationstechnologie von hoher Bedeutung.

Zusammenfassend kann gesagt werden, dass die Leistungsbeschreibung die Grundlage und das Projektmanagement, das *Change Management* und das Risikomanagement die Bausteine für eine erfolgreiche Umsetzung des PPP in der Informationstechnologie darstellen.

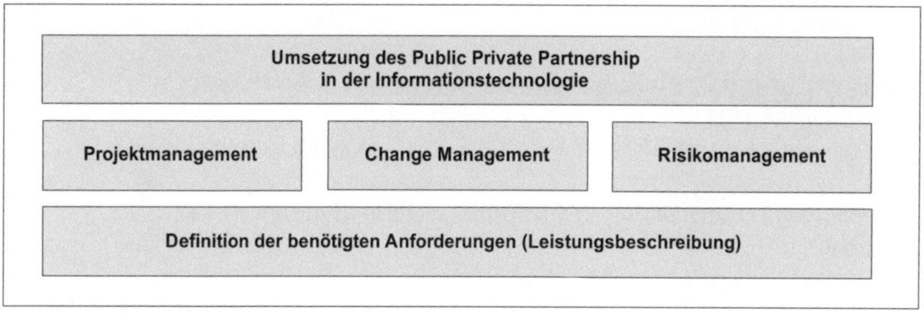

Abbildung 11 - Bausteine eines Erfolgreichen PPP-Projektes in der IT

Neben der Rolle der öffentlichen Hand hat aber auch der private Partner eine wichtige Bedeutung für die erfolgreiche Umsetzung eines PPP-Projektes in der Informationstechnologie. Hier ist vor allem die Unterstützung der öffentlichen Hand bei der Erstellung der benötigten Leistungsbeschreibung zu nennen. Wenn der private Partner ausschließlich monetäre Ziele verfolgt, wird ein Erfolg für beide Partner sehr unwahrscheinlich.

Im Bereich der Datensicherheit und im Datenschutz ist bei der Verlagerung von Dienstleistungen an einen privaten Partner im öffentlichen Bereich besonderes Augenmerk zu legen. Die Sicherheit von Informationen ist in unserer heutigen Informationsgesellschaft eine wichtige Aufgabe. Sensible Daten von Bürgern und Unternehmen können in Sekundenschnelle kopiert und weitergeleitet werden. Dies kann nicht nur zu einem erheblichen finanziellen Schaden führen, sondern fügt auch dem Vertrauen gegenüber der öffentlichen Hand einen erheblichen Schaden zu.

PPP in der Informationstechnologie ist ein guter Weg für die Optimierung der Systemlandschaft der öffentlichen Hand. Neue Innovationen, neue Technologien für eine effizientere und effektivere Verwaltung sind mit der Hilfe der privaten Partner umsetzbar. Dennoch darf ein PPP-Projekt in der Informationstechnologie weder von der öffentlichen Hand noch vom privaten Partner in der Komplexität unterschätzt werden. Nur eine professionelle, strukturierte und effiziente Vorgehensweise kann für beide Partner zum Erfolg führen.

Literaturverzeichnis

Baron, C. (1999): Public Private Partnership Konzepte für den IT-Markt, o.O.

BITKOM (Hrsg.), o.J.: Public Sector: IT-Outsourcing/Public Private Partnership, Berlin.

BMVBS (Hrsg.) (2003): Studie: PPP im öffentlichen Hochbai Band I: Leitfaden "PPP im Hochbau", o.O.

BMVBS (Hrsg.) (2003): Studie: PPP im öffentlichen Hochbau Band II: Rechtliche Rahmenbedingungen, o. O.

BMVBS (Hrsg.) (2003): Studie: PPP im öffentlichen Hochbau Band III: Wirtschaftlichkeitsuntersuchung, o. O.

BMVBS (Hrsg.) (2003): Studie: PPP im öffentlichen Hochbau Band IV: Sammlung und systematische Auswertung der Informationen zu PPP-Beispielen, o. O.

BMVBS (Hrsg.) (2003): Studie: PPP im öffentlichen Hochbau Band V: Strategie/Taskforces – Strukturskizze für das föderale Kompetenzzentrum, o. O.

BMVBS und DSGV (Hrsg.) (2008): PPP-Handbuch – Leitfaden für Öffentliche-Private-Partnerschaften, Berlin.

Bundesregierung (Hrsg.) (1999): Moderner Staat – Moderne Verwaltung, Berlin.

Buscher, R./Theurer, A. et al (2007): PPP-Projekte für den Mittelstand, Köln.

Deutsches Institut für Urbanistik (Hrsg.) (2008): Der kommunale Investitionsbedarf 2006 bis 2010, Endbericht-Kurzfassung, Berlin.

Doppler, K./Lauterburg, C. (2008): Change Management – Den Unternehmenswandel gestalten, 12. aktualisierte und erweiterte Auflage, Frankfurt am Main.

Fujitsu Siemens Computers GmbH (Hrsg.) (2005): Case Study UNIT21, München.

Gassmann, O. (2005): Praxiswissen Projektmanagement, München-Wien.

Jung, H. (2004): Allgemeine Betriebswirtschaftslehre, 9. überarbeitete Auflage, München.

Keitsch, K. (2007): Risikomanagement, Stuttgart.

Leinemann, R./Kirch, T. (2006): ÖPP-Projekte konzipieren – ausschreiben – vergeben, Köln.

Meyer-Hofmann, B./ Riemenschneider, F./ Weihrauch, O., et al. (2008): Public Private Partnership – Gestaltung von Leistungsbeschreibung, Finanzierung, Ausschreibung und Verträgen in der Praxis, 2. Auflage, München.

Müller-Wrede, M. et al. (2006): ÖPP-Beschleunigungsgesetz, Köln.

Pauli, L. et al. (2006): Das neue Miteinander – Public Private Partnership für Deutschland, Hamburg.

Pricewaterhouse Coopers AG (Hrsg.) (2008): Der Wertbeitrag der IT zum Unternehmenserfolg, Stuttgart.

Probst, H.-J./ Haunerdinger, M. (2007): Projektmanagement leicht gemacht, Heidelberg.

Rosenkranz, M. (2008): Beschreibung der Entwicklung des Public Private Partnership am Beispiel des Bundeslandes NRW, Düren.

Schach, R./ Gürtler, V. (2007): Stochastische Risikobetrachtung bei PPP-Projekten, Renningen.

Seibold, H. (2006): IT-Risikomanagment, Müchen.

Schmidt, J. (2006): Wirtschaftlichkeit in der öffentlichen Verwaltung, 7. neu bearbeitete und erweiterte Auflage, Berlin.

Stolzenberg, K./ Heberle, K. (2006): Change Management Veränderungsprozesse erfolgreich gestalten – Mitarbeiter mobilisieren, Heidelberg.

Streckenbach, M.-S. (2005): Public Private Partnership. Begriffsabgrenzung, Funktionsweise und Entwicklung von öffentlich-privaten Kooperationen in Deutschland, Hannover.

Wallmüller, E. (2004): Risikomanagement für IT- und Softwareprojekte, München-Wien.

Weber, M./ Schäfer, M./ Hausmann, L. et al. (2006): Praxishandbuch Public Private Partnership, München.

Quellenverzeichnis

BITKOM (Hrsg.): http://www.bitkom.org/de/themen_gremien/28827.aspx 17.12.2008.

BITKOM (Hrsg.): http://www.bitkom.org/de/themen_gremien/37774.aspx 17.12.2008.

BMI (Hrsg.): http://www.kbst.bund.de/cln_012/nn_837398/SharedDocs/Meldungen/2007/Wirtschaftlichkeit-Recht/08__24__EVB-IT_20Systemvertrag__veroef fent-licht.html 25.09.2008.

BMI (Hrsg.): http://www.kbst.bund.de/cln_012/nn_838090/Content/Wirtschaft__u __Recht/Vertraege/EVB__IT__Vertragstypen/evb__it__vertragstypen __node.html__nnn=true#doc1166152bodyText1 25.09.2008.

BMVBS (Hrsg.): http://www.ppp-projektdatenbank.de/index.php?id= 28&tx_ppp_ controller_searchform%5BprojectId%5D=82&tx_ppp_controller_searchform %5Baction%5D=showProject 06.09.2008.

BMVBS (Hrsg.): http://www.ppp-projektdatenbank.de/index.php?id= 28&tx_ppp_ controller_searchform%5BprojectId%5D=46&tx_ppp_controller_searchform %5Baction%5D=showProject 06.09.2008.

BMVBS (Hrsg.): http://www.ppp-projektdatenbank.de/index.php?id=28&tx_ppp_ con-troller_searchform%5BprojectId%5D=59&tx_ppp_controller_searchform %5Baction%5D=showProject 07.09.2008.

BMWi (Hrsg.): http://www.bmwi.de/BMWi/Navigation/Wirtschaft/branchenfokus,did =31690.html 15. 06.2008.

BPPP (Hrsg.): http://www.bppp.de/bppp.php/cat/2/aid/5/title/Der_Verband 15.12.2008.

BPPP (Hrsg.): http://www.bppp.de/bppp.php/cat/4/aid/85/title/Gruendung_eines_ neuen_Arbeitskreises_IT 15.12.2008.

BPPP (Hrsg.): http://www.bppp.de/bppp.php/cat/47/title/IT 15.12.2008.

Bund der Steuerzahler (Hrsg.): http://www.steuerzahler.de/webcom/show_soft link.php/_c-33/i.html 04.01.2009.

CIO (Hrsg.): http://www.cio.de/strategien/methoden/821642/index1.html 27.12.2008.

Computerwoche (Hrsg.): http://www.computerwoche.de/subnet/t-systems/1880301/ 27.12.2008.

Computerwoche (Hrsg.): http://www.computerwoche.de/subnet/t-systems/1881040/ 28.12.2008.

Computerwoche (Hrsg.): http://www.computerwoche.de/nachrichtenarchiv/1857070/ 28.12.2008.

Effizienter Staat (Hrsg.): http://www.effizienterstaat.eu/effstaat_Internet/nav/0a3/0a3705ff-07e5-4711-c5ec-3f18a438ad1b.htm 10.01.2009.

KoopA-ADV (Hrsg.): http://www.koopa.de/ 25.09.2008.

PROSOZ Herten (Hrsg.): http://www.prosoz.de/produktbereiche/soziales.html 18.09.2008.

Sächsisches Staatsministerium des Inneren (Hrsg.): http://www.smi.sachsen.de/svn/ 09.01.2009.

Sächsisches Staatsministerium des Inneren (Hrsg.): http://www.smi.sachsen.de/svn/306.html 09.01.2009.

Sächsisches Staatsministerium des Inneren (Hrsg.): http://www.smi.sachsen.de/svn/311.html 09.01.2009.

Sächsisches Staatsministerium des Inneren (Hrsg.): http://www.smi.sachsen.de/svn/356.html 09.01.2009.

Sächsisches Staatsministerium des Inneren (Hrsg.): http://www.smi.sachsen.de/svn/357.html 09.01.2009.

Sächsisches Staatsministerium des Inneren (Hrsg.): http://www.smi.sachsen.de/svn/358.html 09.01.2009.

Sächsisches Staatsministerium des Inneren (Hrsg.): http://www.smi.sachsen.de/svn/359.html 09.01.2009.

Sächsisches Staatsministerium des Inneren (Hrsg.): http://www.smi.sachsen.de/svn/360.html 09.01.2009.

Siemens Building Technologies GmbH (Hrsg.): http://www.buildingtechnologies.siemens.de/Loesungen+und+Services/Loesungen/Referenzen/Energiespar-Contracting/Berliner+B%c3%a4der-Betriebe.htm 07.09.2008.

Stadt Unna (Hrsg.): http://www.unit21.de/main_das_projekt.php?site2display=ausgabe&bereich=4&textkopfID=2 11.01.2009.

Stadt Unna (Hrsg.): http://www.unit21.de/main_das_projekt.php?site2display=ausgabe&bereich=4&textkopfID=4 11.01.2009.

StepStone (Hrsg.): http://www.it-jobs.stepstone.de/content/de/de/b2c_IT_ Investitionenin_ziehenan.cfm 14.09.2008.

TecChannel (Hrsg.): http://www.tecchannel.de/news/themen/business/469440/studie _oeffentliche_verwaltung_gibt_fast_17_milliarden_euro_fuer_hightech_ aus/ 27.12.2008.

TecChannel (Hrsg.): http://www.tecchannel.de/news/themen/business/1780092/oef fentliche_verwaltung_investiert_2009_rund_18_milliarden_euro_in_it_und_ kommunikation/index.html? qle=rssfeed_ 27.12.2008.

Wiesbadener Kurier (Hrsg.): http://www.wiesbadener-kurier.de/region/objekt.php3? artikel_id=1957437 10.01.2009.

Wiesbadener Kurier (Hrsg.): http://www.wiesbadener-kurier.de/region/objekt.php3? artikel_id=2163641 10.01.2009.

Wirtschaftswoche (Hrsg.): http://www.wiwo.de/unternehmer-maerkte/operation-goldesel-kontonummern-von-21-millionen-buergern-illegal-im-umlauf-380237/ 04.01.2009.

WIVERTIS GmbH (Hrsg.): http://www.wivertis.net/ 10.01.2009.

WIVERTIS GmbH (Hrsg.): http://www.wivertis.net/index.php?id=5 10.01.2009.

WIVERTIS GmbH (Hrsg.): http://www.wivertis.net/index.php?id=10 10.01.2009.

WIVERTIS GmbH (Hrsg.): http://www.wivertis.net/index.php?id=24 10.01.2009.